高等院校材料科学与工程实验系列教材

材料现代分析测试方法实验

Experiments on Analysis and Test of Modern Materials

● 刘强春　主编

中国科学技术大学出版社

内 容 简 介

本书主要介绍了材料现代分析测试的实验方法、技术和手段,内容包括 X 射线衍射分析、电子显微分析、能谱与光谱分析以及其他材料现代分析。全书共收录了 20 个典型的实验,每个实验既阐明了实验目的、基本原理与实验内容,又介绍了实验仪器、实验步骤与要求,同时也提出了课后思考题,旨在为材料现代分析测试的实验教学提供指导。

本书可作为高等院校材料科学与工程、材料物理、材料化学等专业本科生和研究生的实验指导书,也可供从事材料分析检测的科技人员参考。

图书在版编目(CIP)数据

材料现代分析测试方法实验/刘强春主编. —合肥:中国科学技术大学出版社,2018.10

ISBN 978-7-312-04562-2

Ⅰ. 材…　Ⅱ. 刘…　Ⅲ. 工程材料—分析方法—实验—高等学校—教材　Ⅳ. TB3-33

中国版本图书馆 CIP 数据核字(2018)第 203031 号

出版	中国科学技术大学出版社 安徽省合肥市金寨路 96 号,230026 http://press.ustc.edu.cn http://zgkxjsdxcbs.tmall.com
印刷	合肥华苑印刷包装有限公司
发行	中国科学技术大学出版社
经销	全国新华书店
开本	710 mm×1000 mm　1/16
印张	8.5
字数	176 千
版次	2018 年 10 月第 1 版
印次	2018 年 10 月第 1 次印刷
定价	28.00 元

前　言

目前,材料分析和测试技术发展迅速,有关材料分析测试方法的教材很多,为满足材料类专业对人才培养"厚基础、宽口径、强能力、高素质"的目标要求,迫切需要编写一本与课程内容紧密联系,同时又与本专业仪器设备相配套的实验教材,为此我们编写了本书。

本书主要介绍了材料现代分析测试的实验方法、技术和手段,内容包括X射线衍射分析、电子显微分析、能谱与光谱分析以及其他材料现代分析。全书共收录了20个典型的实验,每个实验既阐明了实验目的、基本原理与实验内容,又介绍了实验仪器、实验步骤与要求,同时也提出了课后思考题,旨在为材料现代分析测试的实验教学提供指导。本书可作为高等院校材料科学与工程、材料物理、材料化学等专业本科生和研究生的实验指导书,也可供从事材料分析检测的科技人员参考。

刘强春任本书主编,编写了实验一、实验二、实验九至实验十一并负责统稿工作。参加本书编写的还有张敏(实验三、实验五)、刘忠良(实验四)、李兵(实验六)、张永兴(实验七、实验八、实验十二)、耿磊(实验十三、实验二十)、朱光平(实验十四)、邵从英(实验十五)、王永秋(实验十六)、汤中亮(实验十七)、王广健(实验十八)、李明(实验十九)。本书的编写得到了淮北师范大学校领导及物理与电子信息学院领导的大力支持,刘亲壮、孔祥恺、张义成、王凯旋等在编写中提供了建设性意见和无私帮助,在此一并表示衷心的感谢。

限于编者水平,本书疏漏之处在所难免,恳望不吝赐教。

编　者

2018 年 5 月于淮北相山

目　　录

第一章　X射线衍射分析

实验一　X射线衍射仪的构造及原理

【实验目的】

(1) 了解X射线衍射仪的构造。

(2) 掌握X射线衍射仪的工作原理。

(3) 掌握X射线衍射仪分析样品的制备方法。

(4) 了解X射线的安全防护规定和措施。

【实验仪器】

DX-2000型X射线衍射仪。

【实验原理】

X射线衍射仪适用于物质微观结构的各种测试、分析和研究,广泛应用于材料、化学、化工、机械、地质、矿物、冶金、建材、陶瓷、石化、药物及高科技材料研究等领域。X射线衍射仪也可对单晶、多晶和非晶样品进行结构分析,如物相定性分析与定量分析、衍射谱图指标化及点阵参数测定、晶粒尺寸及点阵畸变测定、衍射图谱拟合修正晶体结构和残余应力测定、结晶度及薄膜测定等。

一、X射线衍射仪的构造与原理

X射线衍射仪的形式多种多样,但其基本构成相似。图1.1为X射线衍射仪的基本构造原理图,主要部件包括4个部分:

(1) 高稳定度X射线源。提供测量所需的X射线,改变X射线管阳极靶材质可改变X射线的波长,调节阳极电压可控制X射线的强度。

(2) 样品台及样品位置取向的调整机构系统。

(3) X射线检测器。检测衍射强度或同时检测衍射方向,通过仪器测量记录系统或计算机处理系统可以得到多晶衍射图谱数据。

（4）衍射图的处理分析系统。现代 X 射线衍射仪都附带安装有专用衍射图处理分析软件的计算机系统，它们的特点是自动化和智能化。

除此之外，X 射线衍射仪的构造还包含循环水冷却装置、各种电气系统、保护系统等。

X 光管是 X 光机的核心部件，按其特点可分为普通封闭式 X 光管、旋转阳极 X 光管、细聚焦 X 光管。X 光管常用的靶材料有 Cr、Fe、Co、Ni、Cu、Mo、Ag 和 W 等，其中 Cu 靶用得最多。日本理学推出了双阳极靶（Cu-Mo）。图 1.2 是本实验使用的丹东方圆仪器有限公司生产的 DX-2000 型 X 射线衍射仪的外观图（图左）及测角仪（图右）。

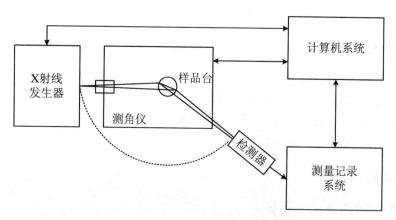

图 1.1　X 射线衍射仪的基本构造原理图

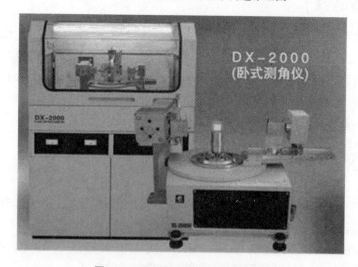

图 1.2　DX-2000 型 X 射线衍射仪

二、测角仪的构造及光路系统

测角仪是衍射仪的心脏部件，它是用来实现衍射，测量和记录各衍射线的布拉格角、强度、线形等的一种衍射测量装置。图 1.3 是本实验使用的丹东方圆仪器有限公司生产的广角测角仪的外观图。测角仪的结构及工作原理如图 1.4 所示。

图 1.3　广角测角仪

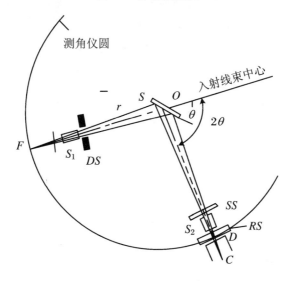

图 1.4　测角仪结构示意图

测角仪有 2 个严格同心的圆，轴心为 O。外边的大圆，称为测角仪圆，其上有

X 射线管的焦点 F，多数是固定不动的。RS 为接收狭缝，其后是辐射探测器 D，它们能沿圆周转动。S_1 和 S_2 叫梭拉光阑，由一叠间隔很小的平行重金属片组成，用以限制 X 射线在垂直方向的发散。DS 称为发散光阑，用以限制 X 射线在水平方向的发散，控制其照射到试样上的面积，发散宽度越大，通过的 X 射线量越多，照射的试样面积越大。SS 为防散射光阑，用于遮挡掉其他散射线。选择 RS 和 SS 狭缝宽度时，应该使用相等的度数，以保持发散宽度一致。狭缝宽度的大小将影响探测结果。当狭缝宽度增大时，X 射线的接受量增大，X 射线强度高；但衍射花样的峰背底也同时增大，分辨率下降。SS、S_2、RS 和 D 均位于同一运载器 C 上，试样转动时，C 随之朝同一方向转动，转速比为 1 : 2。

　　为说明衍射仪实测的衍射花样，可先将试样看成极小，此时入射线就成了一细束，因而衍射花样整体上应与德拜-谢乐法相同。但是板状试样毕竟有一定大小，入射线又是从 F 发出的发散线束，为使花样的各衍射线均明锐，则在测量并记录每一衍射线时皆需满足聚焦条件。鉴于试样为平表面并与测角仪轴心 O 贴合，而衍射线又要聚焦在测角仪圆周上，为满足聚焦条件，过 F、O、D 三点需成一聚焦圆且试样表面应在 O 处与此圆相切，如图 1.5 所示。该图表明，当探测器 D 转过 2θ 以探测布拉格角为 θ 的衍射线时，试样必须转过角 θ。这种 1 : 2 的转动关系保证了整个衍射花样的聚焦。

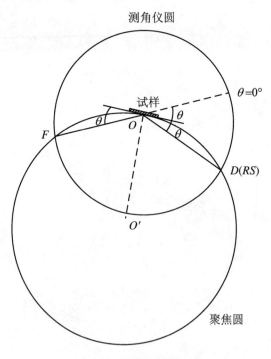

图 1.5　测角仪聚焦原理

三、探测与记录系统

目前,在衍射仪上广为使用的辐射探测器(又称计数管)有 3 种,即正比计数器、闪烁计数器和 Si(Li)探测器。其他的探测器还包括盖革管、位敏探测器等。

从辐射探测器出来的脉冲电压,幅值很小,一般为 mV 量级或更小,因而其需预先经过前置放大器和线性放大后再输入数据处理系统。探测与记录系统包括脉冲高度分析器、定标器、脉冲速率计和记录输出设备。

四、X 射线的防护

X射线对人体组织能造成伤害。衍射分析用的 X 射线比医用 X 射线波长长、穿透力弱、吸收强,故对人体的危害更大,所以每个实验人员都要注意 X 射线防护。测量时,样品台上的铅质盖要盖好,仪器门要关紧。

【实验步骤与要求】

一、样品制备

(1) 将被测样品在玛瑙研钵中研磨成粒径 10 μm 左右的细粉。

(2) 将适量细粉填入试样架凹槽中,用平整的玻璃板将其压紧,使粉末表面平整并与框架平面一致。

(3) 刮去槽外或高出样品板面的多余粉末,重新将样品压平。

(4) 将测试样品放入样品台,盖好盖子,关好仪器门。

二、测量方式和实验参数的选择

1. 狭缝的选择

发散光阑决定照射面积,选择的原则是不让 X 射线照射区超出试样外,尽可能用大的发散光阑。这样照射体积大,X 射线照射衍射强度高。由于低角时照射区域大,所以选择狭缝宽度应以低角照射区为基准。防散射光阑与接收光阑应同步选择。选择宽的狭缝可以获得高的 X 射线衍射强度,但分辨率降低,若希望提高分辨率,则应选择小的狭缝宽度。

2. 采样时间的选择

馈入 RC 电路的输出电压相对于脉冲有一个时间滞后,滞后时间由 R 和 C 的乘积值决定,RC 称为时间常数。RC 值选择过大,衍射花样曲线平滑,灵敏度下降；RC 值选择过小，虽然灵敏度提高了，但衍射花样曲线抖动过大，会给分析带来不便。通常选择的时间常数 RC 值小于或等于接收狭缝的时间宽度的 1/2，时间宽度是指狭缝转过自身宽度所需的时间，这样可以获得高分辨率的衍射线峰形。

3. 扫描速度的选择

扫描速度是指探测器在测角仪圆周上均匀转动的角速度。扫描速度对衍射结果的影响与时间常数类似。扫描速度越快，衍射线强度下降越快，衍射峰向扫描方向偏移，分辨率下降，一些弱峰会被掩盖而丢失。但过低的扫描速度也是不实际的。

三、衍射仪操作

（1）打开总电源，启动计算机。

（2）双击桌面"X 射线衍射仪控制系统 6.22"图标，启动 X 射线衍射仪控制系统，界面如图 1.6 所示。

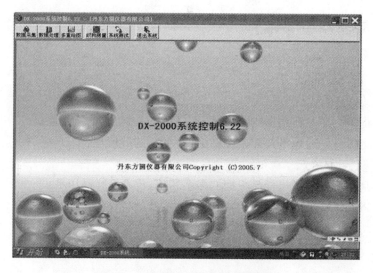

图 1.6　X 射线衍射仪控制系统界面

（3）单击界面菜单栏"数据处理"，进入图 1.7 所示的 X 射线衍射仪数据采集界面。

（4）设置参数。在图 1.7 所示的界面左侧有仪器的相关参数设置，单击下拉菜单，可选择或设置实验参数。具体包括：扫描方式（连续扫描或步进扫描）、驱动方式（θ 单动、2θ 单动、$\theta \sim 2\theta$ 联动）、靶材（Cu、Cr、Fe、Co、Mo）、波长值（设定 0.154 184 nm）、起始角度（设定，一般从 $10°$ 开始）、停止角度（设定，一般到 $70°$ 停止）、扫描速度（$0.001 \sim 1.27°/s$ 可选，一般选 $0.05°/s$）、采样时间（$0.05 \sim 1\ 000$ s 可选，一般选 0.5 s 或 1 s 即可满足要求）、量程（根据样品的实际结晶情况决定，一般可设为 5 000 CPS)、管电压(对于粉末样品设为 40 kV)、管电流(对于粉末样品设为 30 mA)、石墨单色器(ON/OFF 可选)、发散狭缝(一般选 1°)、散射狭缝(一般选 1°)、接受狭缝(一般选 0.2 mm)。

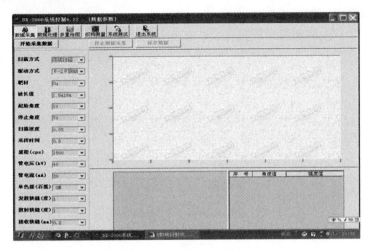

图 1.7　参数设置界面

(5) 点击如图 1.8 所示界面上的"开始采集数据"按钮,系统自动采集数据。

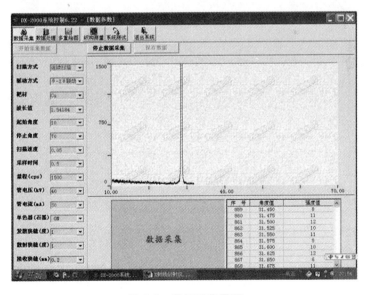

图 1.8　数据采集界面

(6) 数据采集结束后,界面上"保存数据"按钮字体由灰色变成黑色,单击"保存数据"按钮,把数据保存到计算机硬盘或其他存储设备。

(7) 测试结束后,可单击菜单栏中的"退出系统"或界面右上角"×"按钮,关闭系统,系统会自动提示"退出系统之前,关闭高压?",点击"是",退出系统。

【思考题】

（1）粉末样品的制备要注意什么？

（2）采样时间如何正确设置？

（3）测角仪上的狭缝系统包含哪些？各有何作用？

实验二　X射线衍射技术与定性分析

【实验目的】

(1) 掌握使用X射线衍射仪进行物相分析的基本原理和实验方法。

(2) 掌握物相分析中衍射数据的处理方法。

(3) 掌握物相分析的过程与步骤。

【实验仪器】

DX-2000型X射线衍射仪。

【实验原理】

利用X射线研究晶体结构中的各类问题,主要是通过分析X射线在晶体中产生的衍射现象。晶体所产生的衍射花样反映出晶体内部的原子分布规律。概括地讲,一个衍射花样的特征,可以认为由两个方面的内容组成:一方面是衍射线在空间的分布规律(称之为衍射几何),由晶胞的大小、形状和位向决定;另一方面是衍射线束的强度,取决于原子的品种和它们在晶胞中的位置。X射线衍射理论所要解决的中心问题是在衍射现象与晶体结构之间建立定性和定量的关系。

一、布拉格方程的推证

当X射线照射到晶体上时,考虑一层原子面上散射X射线的干涉,当X射线以θ角入射到原子面并以θ角散射时,相距为a的两原子散射X射线的光程差为

$$\delta = a(\cos\theta - \cos\theta) = 0$$

这表明相邻原子之间无光程差,可以同相位干涉加强。但是X射线有较强的穿透能力,在X射线作用下,晶体的散射线来自若干层原子面,除同一层原子面的散射线互相干涉外,各原子面的散射线之间还要互相干涉。如图2.1表示两相邻原子面的散射波的干涉,它们的光程差为

$$\delta = CB + BD = d\sin\theta + d\sin\theta = 2d\sin\theta$$

当光程差等于波长的整数倍时,相邻原子面散射波干涉加强,即干涉加强条件为

$$2d\sin\theta = n\lambda$$

其中,n为整数。这就是布拉格方程。θ角只有满足布拉格方程,才能产生衍射。

X射线在晶体中的衍射,实质上是晶体中各原子相干散射波之间互相干涉的

结果。因衍射线的方向恰好相当于原子面对入射线的反射,故可用布拉格定律代表反射规律来描述衍射线束的方向。但应强调指出的是:X 射线在原子面的反射和可见光的镜面反射不同,前者是有选择地反射,其选择条件为布拉格定律;而一束可见光以任意角度投射到镜面上时都可以产生反射,即反射不受条件限制。

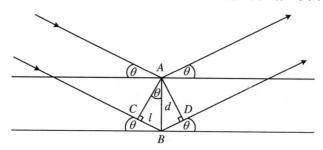

图 2.1　布拉格衍射示意图

二、X 射线的强度

我们可以从一个电子、一个原子、一个晶胞、一个晶体、粉末多晶等循序渐进地推导它们对 X 射线的散射,讨论散射波的合成振幅与强度。

对于一个晶体对 X 射线的衍射,合成振幅可表示为

$$A_M = A_e F \sum_{mnp} e^{i\varphi_{mnp}} = A_e F \sum_{m=0}^{N_1-1} e^{i2\pi m\xi} \sum_{n=0}^{N_2-1} e^{i2\pi n\eta} \sum_{p=0}^{N_3-1} e^{i2\pi p\zeta} = A_e FG$$

强度与振幅的平方成正比,故

$$I_M = I_e |F|^2 |G|^2$$

粉末多晶的衍射强度与以下几个因素有关:

1. 结构因子 $I_M = I_e |F|^2 |G|^2$

2. 角因子(包括极化因子和罗仑兹因子)

因为实际晶体不一定是完整的,存在大小、厚薄、形状等的不同;另外 X 射线的波长也不是绝对单一,入射束之间也不是绝对平行,而是有一定的发散角,所以 X 射线的衍射强度将受到 X 射线入射角、参与衍射的晶粒数、衍射角的大小等因素的影响。

3. 多重性因子

通常将同一晶面族中的等同晶面组数 P 称为衍射强度的多重性因数。显然,在其他条件相同的情况下,多重性因数越大,则参与衍射的晶粒数越多,或者说,每一晶粒参与衍射的几率越大。

4. 吸收因子

X 射线在试样中穿越,必然有一些被试样所吸收。试样的形状各异,X 射线在试样中穿越的路径不同,被吸收的程度也就各异。

5. 温度因子

原子本身是在振动的,当温度升高,原子振动加剧,必然给衍射带来影响。其影响主要有:① 晶胞膨胀;② 衍射线强度减小;③ 产生非相干散射。综合考虑,温度因子为 e^{-2M}。

综合所有因素,X射线的衍射积分强度为

$$I = I_0 \frac{\lambda^3}{32\pi R}\left(\frac{e^2}{mc^2}\right)\frac{V}{V_c^2}P\,|\,F\,|^2\varphi(\theta)A(\theta)e^{-2M}$$

三、定性相分析的原理与方法

X射线物相分析是以晶体结构为基础,通过比较晶体衍射花样来进行分析的。对于晶体物质来说,各种物相都有自己特定的结构参数(点阵类型,晶胞大小,晶胞中原子或分子的数目、位置等),结构参数不同则X射线衍射花样也就不同,所以通过比较X射线衍射花样可以区分出不同的物相。当多种物相同时衍射时,其衍射花样也是各种物相自身衍射花样的机械叠加。它们互不干扰,相互独立,逐一比较就可以在重叠的衍射花样中剥离出各自的衍射花样,分析标定后即可鉴别出各自物相。目前已知的晶体物质有成千上万种。事先在一定的规范条件下对所有已知的晶体物质进行X射线衍射,获得一套包含所有晶体物质的标准X射线衍射花样图谱,建立成数据库。当对某种材料进行物相分析时,只要将实验结果与数据库中的标准衍射花样图谱进行比对,就可以确定材料的物相。X射线衍射物相分析工作就变成了简单的图谱对照工作。这项工作首先由Hanawalt于1938年提出,同时他还公布了上千种物质的X射线衍射花样,并将其分类,给出每种物质3条最强线的面间距索引。1941年美国材料实验协会(the American Society for Testing Materials,简称ASTM)对这一工作予以推广,将每种物质的面间距 d、相对强度 I/I_1 及其他一些数据以卡片形式出版(称ASTM卡),公布了1 300种物质的衍射数据。此后,ASTM卡片数量逐年增加。1969年起,转由ASTM和英国、法国、加拿大等国家的有关协会组成的国际机构"粉末衍射标准联合委员会"负责卡片的搜集、校订和编辑工作,之后的卡片被称为粉末衍射卡(the Powder Diffraction File,简称PDF卡)或JCPDS卡(the Joint Committee on Powder Diffraction Standards)。目前,PDF卡共搜集化合物20多万种。在检索方面,自20世纪60年代开始采用第一代计算机检索算法,到20世纪90年代已经发展到第四代算法,此时粉末衍射卡全数值化版本及其CD-ROM产品显著提高了物相识别与表征的能力。PDF-2版本给出了物相的单胞、晶面指数、实验条件等全部数据,该版本包含了60多万张粉末衍射卡。现在,粉末衍射卡集已经发展到PDF-4版本,许多X射线衍射仪已经将这些分析数据嵌入仪器设计中。图2.2所示的是丹东方圆仪器发展有限公司的DX-2000型X射线衍射仪中的PDF卡。

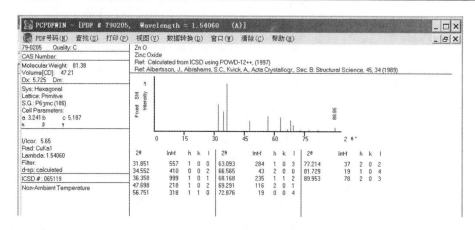

图 2.2　DX-2000 型 X 射线衍射仪中的 PDF 卡

四、PDF 卡片检索方法

由于结晶物质很多,卡片数量也多达几十万张,为了便于查找,需用索引来检索。常用索引及实例例举如下。

1. 常用索引

(1) Hanawalt 索引(数值索引)。

Hanawalt 索引是一种按 d 值编排的数字索引。每一个标准衍射花样以 8 条最强线的 d 值和相对强度来表征。8 条线的 d 值按强度递减的顺序排列。前 3 条在 $2\theta < 90°$ 范围内。每条线的相对强度标在 d 值的右下角,用"x"代表强度为 10,"g"代表强度大于 10,其余数字都表示相对值。如 2.47_x 表示 d 值为 2.47 的面网的衍射强度为 100%;2.14_4 表示 d 值为 2.14 的面网的衍射强度为 40%;1.51_3 表示 d 值为 1.51 的面网的衍射强度为 30%。标准衍射花样的编排次序,由 8 条线中第一、第二个 d 值决定。整个索引按适当的间隔分成 51 个 Hanawalt 组,第一条线的 d 值落在哪个组,就编排在哪个组,同一组编排的顺序则按第二个 d 值的大小依次排列。

对未知物进行卡片检索时,首先在未知物的衍射花样中选出 8 条最强线,并按其相对强度递减的顺序排列,其中前 3 条应是 $2\theta < 90°$ 的最强线。然后以所列第一个 d 值为准,在索引中找到 Hanawalt 组,再在该组内第二纵列找出与第二个 d 值相等的数值,并对比其余 6 个 d 值是否相符。若 8 个 d 值都相等,强度也基本吻合,则该行所列卡片号即为所查未知物卡片号。若查找不到所需卡片号,可将前 3 条强线的 d 值轮番排列,再用同样的方法查找,必可在某一处查到卡片号。

(2) Fink 索引。

Fink 索引也是一种按 d 值编排的数字索引,每一衍射花样均以 8 条强线的 d 值来表征,8 条线按 d 值递减的顺序排列。Fink 索引中有 101 个 Fink 组,标准花

样的第一个 d 值落在哪个组就编排在哪个组,同一组按第二个 d 值的大小顺序排列。

对未知物进行卡片检索时,首先选出 8 条强线并把最强线放在第一位,按 d 值递减顺序排列。与 Hanawalt 索引一样,根据第一个 d 值找 Fink 组,根据第二个 d 值找标准花样所在行并对比其余 6 个 d 值。同样,当第一次排列检索不到卡片号时,可把次强线或再次强线放在第一位,按 d 值递减顺序再次查找。8 个 d 值全部吻合时,该行所列卡片号即为未知物的卡片号。

(3) Alphabetical 索引(字母索引)。

Alphabetical 索引是一种按物相英文名称排列的索引。当物相名称已知需要查找其卡片号时,按该物相英文名称第一个单词的第一个字母可很快查到卡片号。

2. 单相鉴定实例

单相鉴定是在获得某一结晶物质的衍射数据 d 和 I/I_0 之后,根据这些数据查找索引和卡片,并将测定的衍射数据与卡片上的衍射数据一一对照,若数据全部吻合,则说明未知物质就是卡片上所列的物相。

【实验步骤与要求】

一、采集数据

设置合理参数,采集试样的衍射数据,保存待用。

二、学会使用 Jade 6.5 分析处理数据

1. 导入数据/文件到 Jade 6.5 中

使用下拉菜单调出实验数据:单击菜单栏"File"中的"Read",找到要打开的文件/数据,双击即可;或使用快捷键"Ctrl + R",同样可以找到要打开的文件/数据,双击即可打开文件/数据。如图 2.3 所示。

2. 寻峰

打开文件之后,左击工具栏中的 键,平滑图形;左击工具栏中的 键,扣除背底;左击工具栏中的 键,自动寻峰。自动寻峰后可以看到衍射峰的位置(d 值、2θ 角等),如图 2.4 所示。

3. 结果的打印输出

单击菜单栏"File"中的"Print Setup",出现输出结果,点击"Print"即可打印输出。

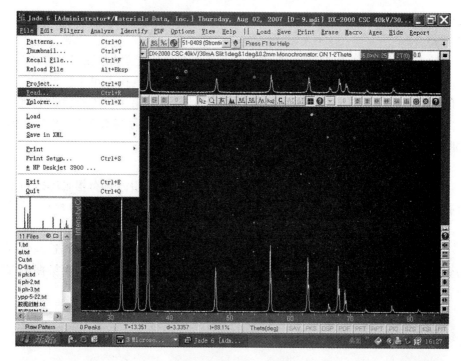

图 2.3　Jade 6.5 界面

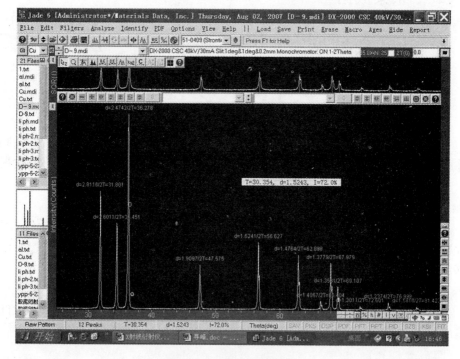

图 2.4　寻峰后软件界面

三、学会使用 PDF 进行物相鉴别

1. 访问和检索 PDF

Jade 6.5 可以满足用户的大多数 PDF 检索需求。要调入一个 PDF 相（也称 PDF 卡片），只需要在主工具栏的 PDF 输入框输入其 PDF 卡片号或矿物名；还可以使用菜单"PDF-Chemistry"进行自动筛选。图 2.5 为 ZnO 样品衍射花样自动搜索的结果界面，从搜索的结果中我们可以找到比较匹配的 PDF 卡片号。

2. 使用 Pcpdfwin 进行物相鉴别

通常情况下，在得到样品的衍射花样后，根据衍射花样中的 d 值或 2θ 角，可以使用 Pcpdfwin 对样品物相进行鉴别。具体的步骤如下：

（1）双击"Pcpdfwin"图标，打开 Pcpdfwin 程序。

（2）点击菜单"查找"，可以根据样品条件和测试结果选择合理的查找方式。一般情况下，对未知样品我们选择 3 条强线来查找，即点击"杂项"→"强线"，输入强线所在的位置范围，也就是上限和下限（d 值），依次输入 3 条强线。假如通过 3 条强线查找后，发现查找到的结果个数很多，可以继续查找第 4、第 5 条强线，直到得到满意的结果。对于已知元素的测量，可以直接选择周期表中的元素，然后根据 3 条强线的位置，选择合适的 PDF 卡片号，进而得到测量样品的确切物相。

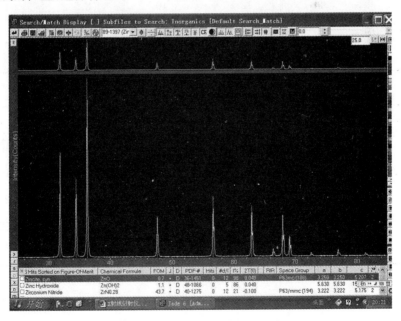

图 2.5　ZnO 样品自动搜索结果

【思考题】

(1) 何谓 JCPDS? 何谓 PDF?

(2) 写出布拉格方程(衍射方程)的两种表达式,说明布拉格方程的物理意义及式中各参数的含义。

(3) 物相定性分析的原理是什么? 对食盐进行化学分析与物相定性分析,所得信息有何不同?

(4) 用 Cu K_α 辐射($\lambda = 0.154$ nm)照射 Ag(f.c.c)样品,测得第一衍射峰位置 $2\theta = 38°$,试求 Ag 的点阵常数。

(5) 试借助 PDF(ICDD)卡片及索引,对表 2.1 及表 2.2 中未知物质的衍射资料作出物相鉴定。

表 2.1　未知物质的 d 值及相对强度(1)

d/nm	I/I_1	d/nm	I/I_1	d/nm	I/I_1
36.6	50	14.6	10	10.6	10
31.7	100	14.2	50	10.1	10
22.4	80	13.1	30	9.6	10
19.1	40	12.3	10	8.5	10
18.3	30	11.2	10		
16.0	20	10.8	10		

表 2.2　未知物质的 d 值及相对强度(2)

d/nm	I/I_1	d/nm	I/I_1	d/nm	I/I_1
24.0	50	12.6	10	9.3	10
20.9	50	12.5	20	8.5	10
20.3	100	12.0	10	8.1	20
17.5	40	10.6	20	8.0	20
14.7	30	10.2	10		

实验三　点阵常数的精确测量

【实验目的】

(1) 掌握精确测量物相点阵常数的实验方法及数据处理方法。

(2) 熟悉晶体结构参数精密化处理的原理与方法。

(3) 了解 X 射线衍射法测量点阵常数的实验误差来源。

【实验仪器】

DX-2000 型 X 射线衍射仪。

【实验原理】

点阵常数是晶体物质的重要参量，它随物质的化学成分和外界条件变化而发生变化；许多材料研究和实际应用问题都与点阵常数密切相关，如晶体物质的键合能、密度、热膨胀、固态相变等。点阵常数的变化量很小，约为 10^{-3} nm，因此必须对点阵常数进行精确的测定。晶胞参数需由已知指标的晶面间距来计算，因此，如果要精确地测定晶胞参数，首先要对晶面间距测定中的系统误差进行分析。晶面间距 d 的测定准确度取决于衍射角的测定准确度，对此可分为两方面进行讨论。

一、衍射角的测量误差 $\Delta\theta$ 与 d 值误差 Δd 的关系

用 X 射线法测定物质的点阵常数，是通过测定某晶面的掠射角 θ 来计算的。以立方晶系为例：

$$\alpha = \frac{\lambda\sqrt{H^2 + K^2 + L^2}}{2\sin\theta} \tag{3.1}$$

式(3.1)中的波长是经过准确测定的，有效数字甚至可以达到 7 位，对于一般的测定工作，可以认为没有误差；H、K、L 是整数，也不存在误差。因此，点阵常数 α 的精度主要取决于 $\sin\theta$ 的精度，而 θ 角的测定精度取决于实验仪器和方法。另外，当 $\Delta\theta$ 一定时，$\sin\theta$ 的变化与 θ 所在的范围有很大的关系，由图 3.1 可知，当 θ 接近于 90°时，$\sin\theta$ 变化最缓慢。如果在各种 θ 角度下测量精度 $\Delta\theta$ 相同，则在高角区所得到的 $\Delta\sin\theta$ 值比在低角区的值小很多，即在高角区 $\sin\theta$ 的测量值精度高。

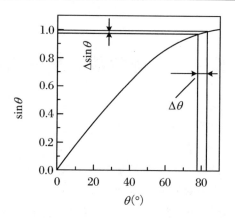

图 3.1　θ-$\sin\theta$ 关系曲线

微分布拉格方程 $n\lambda = 2d\sin\theta$,可以得到

$$\frac{\Delta d}{d} = -\Delta\theta\cot\theta \tag{3.2}$$

对于立方晶系,$d = \dfrac{a}{\sqrt{H^2 + K^2 + L^2}}$,于是

$$\frac{\Delta d}{d} = \frac{\Delta a}{a} = -\Delta\theta\cot\theta \tag{3.3}$$

式(3.2)也说明,当 $\Delta\theta$ 一定时,采用高 θ 角的衍射线进行计算得到的晶面间距误差 $\Delta d/d$ 小,当 θ 趋近于 90°时,误差将趋近于零。

由分析可知,在进行 X 射线衍射分析测量时,在衍射晶面与入射 X 射线有良好配合的情况下,无论是为了精确测定晶胞参数或者是为了比较结构参数的差异或变化,原则上都应该尽可能地选择较高角度的线条进行测量计算。

二、衍射角测定中的系统误差

所谓"精确测定"包括两方面的要求:首先测定值的精密度要高,偶然误差要小;其次要求测定值要准确,系统误差也要小,并且要进行校正。

多晶衍射仪的 θ 角测定值对于尖锐并且明显的衍射线有很好的精度,可以达到 ±0.01°的水平。衍射角测定中的误差一般来源于两方面:

① 由物理因素带来的,如 X 射线折射的影响及波长色散的影响等。

② 由测量方法的几何因素产生的。

前者仅在极高的精确测定中需要考虑,而后者引入的误差则是精确测定时必须进行校正的。

三、精确测定晶胞参数的方法

为了精确测定晶胞参数,必须得到精确的衍射角数据。衍射角测量的系统误差很复杂,通常用下述的两种方法进行处理:

1. 用标准物质进行校正

现在已经有许多可以作为标准的物质卡片,其晶胞参数都已经被十分精确地测量过。因此可以将这些物质掺入被测样品中制成试片,应用已知的精确的衍射角数据与测量得到的实验数据进行比较,便可以求出扫描范围内不同衍射角区域中的 2θ 校正值。这种方法简便易行,通用性强,但其缺点是不能获得比标准位置更准确的数据。

2. 外推法精确计算点阵常数

外推法是修正晶胞参数的方法。尽管实际测量时可以利用的衍射线的 θ 角总是和 90° 有差距,但是可以通过外推法来接近理想状况。例如,先测出同一物质的若干衍射线,并按若干衍射线的 θ 角计算出相应的 a 值,再以 θ 角为横坐标,以 a 为纵坐标,将各个点连成一条光滑曲线,再将此曲线延伸至 $\theta = 90°$ 处,则此点的纵坐标即为精确的点阵参数值。

用外推法来延续 θ-a 曲线到 90°,显然有人为主观因素掺入,故最好寻找另一个变量(θ 的函数)作为横坐标,使所画的点呈直线关系。当然在不同的几何条件下,外推函数也是不同的。通过学习对系统误差所进行的分析,可以得到结果: $\Delta d/d = K\cos^2\theta$,对于立方系物质可有

$$\Delta a/a = \frac{\Delta d}{d} = K\cos^2\theta \tag{3.4}$$

式(3.4)中 K 为常数。由公式可知,当 $\cos^2\theta$ 减少时,$\Delta a/a$ 也随之减小;当 $\cos^2\theta$ 趋于零时,即 θ 趋于 90° 时,$\Delta a/a$ 也趋于零,即 a 值趋于其真值 a_0。因此,只要测量出若干条高角衍射线,求出相应的 θ 及 α 值,再以 $\cos^2\theta$ 为横坐标,a 为纵坐标,则所画出的各点应符合直线关系。按照各点的趋势,定出一条平均曲线,其延线与纵坐标轴的交点即为精确的点阵参数 a_0,如图 3.2(a)所示。

式(3.4)在推导过程中采用了某些近似处理,它们是以高 θ 角的背射线为前提的,即要求全部衍射线条 $\theta > 60°$,而且至少有一条线的 θ 角是在 80° 以上。由于在大多数实验条件下,很难满足上述要求,故必须寻找一种可包含低角衍射线的直线外推函数。贝尔森(J. B. Belson)等用尝试法找到了外推函数 $f(\theta) = \dfrac{1}{2}\left(\dfrac{\cos^2\theta}{\sin\theta} + \dfrac{\cos^2\theta}{\theta}\right)$,这个函数在很广的 θ 范围内有较好的直线性。后来泰勒(A. Taylor)等又从理论上证实了这一函数。图 3.2(a)所示为根据利普森(H. Lipson)等利用所测得铝在 298 ℃下的数据而绘制的"a-$\cos^2\theta$"直线外推示意图,图 3.2(b)为采用贝尔森等人所提出的函数的图解。可以看出,当采用 $\cos^2\theta$ 为外推函数时,只有 $\theta > 60°$ 的点才能与

直线较好地符合。

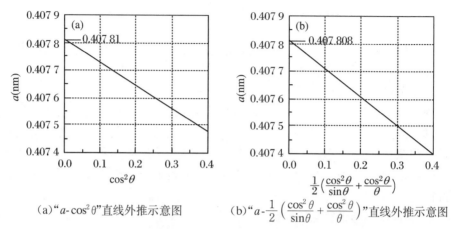

（a）"a-$\cos^2\theta$"直线外推示意图　　（b）"a-$\dfrac{1}{2}\left(\dfrac{\cos^2\theta}{\sin\theta}+\dfrac{\cos^2\theta}{\theta}\right)$"直线外推示意图

图 3.2　直线外推示意图

【实验步骤与要求】

测量 $ZnFe_2O_4$ 样品的点阵常数。操作步骤如下：

（1）将待测样品装入载玻片的凹槽内，并放入工作室内。

（2）设定参数（采用步进扫描方式扫描，设置合适的扫面范围、步进宽度、步进时间、狭缝系统等）。

（3）进入 Jade 软件，读入数据文件。

（4）检索物相，扣除背景 $K_{\alpha2}$ 和平滑。

（5）获得各个衍射峰准确的衍射角：选择合适的峰形函数，对图谱反复进行拟合，直到拟合误差 R 值不再变小。一般 R 值小于 9%，如图 3.3 所示。

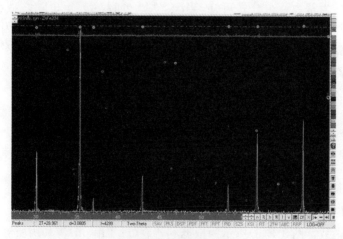

图 3.3　图谱拟合

（6）晶胞精修：选择 Options-Cell Refinement，如图 3.4 所示。点击所示界面

中的"Refine"按钮,软件自动进行晶胞参数的校正处理,得到精确的晶胞参数为 $a = 0.842\ 729$ nm。

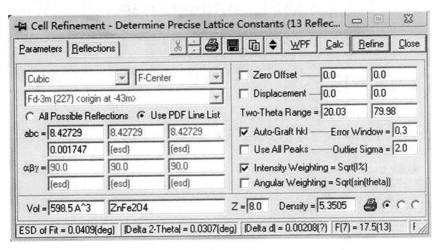

图 3.4　精修晶胞界面

【思考题】

(1) 点阵常数精确测定的误差来源有哪些?

(2) 精确测定点阵常数的意义?

实验四　物相定量分析

【实验目的】

(1) 熟悉 X 射线衍射仪的使用,根据 X 射线衍射图谱能够进行物相鉴定。

(2) 能够根据 K 值法进行混合物中各相含量的判定。

【实验仪器】

帕纳科锐影高分辨 X 射线衍射仪。

【实验原理】

混合物相的 X 射线定量相分析,就是用 X 射线衍射的方法来测定混合物中各种物相的含量百分数。X 射线定量相分析的理论基础是物质参与衍射的体积或重量与其所产生的衍射强度成正比。因而,可通过衍射强度的大小求出混合物中某种物相参与衍射的体积分数或重量分数。

一、多相体系的强度公式

当不存在消光及微吸收时,均匀、无织构、无限厚、晶粒足够小的单相多晶物质所产生的积分强度(并考虑原子热振动及吸收的影响)为

$$I_{hkl} = I_0 \frac{\lambda^3}{32\pi R} \left(\frac{e^2}{mc^2}\right)^2 N^2 P \mid F_{hkl} \mid^2 \varphi(\theta) e^{-2M} A(\theta) V$$

式中,I_0 为入射光束强度;e, m 分别为电子电量、质量;c 为光速;λ 为 X 射线波长;N 为单位体积内的晶胞数;V 为试样被 X 光照射体积;F_{hkl} 为结构因子;P 为多重性因子;$\varphi(\theta)$ 为角因子;e^{-2M} 为温度因子;$A(\theta)$ 为吸收因子;对于平板试样,$A(\theta) = \dfrac{1}{2\mu_l}$;使用衍射仪测量时,$R$ 为测角仪半径,μ_l 为样品的线吸收系数。

设有多相样品含有 N 个相,其中 j 相参与衍射的体积为 V_j,当使用衍射仪测量时,j 相某条 (hkl) 线的衍射强度为

$$I_j = C K_j \frac{V_j}{\mu_l}$$

其中

$$C = \frac{1}{2} I_0 \frac{\lambda^3}{32\pi R} \left(\frac{e^2}{mc^2}\right)^2$$

$$K_j = N^2 P \mid F_{nkl} \mid^2 \varphi(\theta) \mathrm{e}^{-2M}$$

$$V_j = \frac{\omega_j}{\rho_j} \rho$$

由于 $\mu = \rho \sum\limits_{j=1}^{N} \omega_j (\mu_m)_j$，因此，强度公式可以改写为

$$I_j = C K_j \frac{\omega_j}{\rho_j \sum\limits_{j=1}^{N} \omega_j (\mu_m)_j} = C K_j \frac{\omega_j}{\rho_j \mu_m}$$

上式是定量分析所依据的最基本的关系公式。式中，μ_m 是样品的质量吸收系数，一般情况下，它是未知的。

二、K 值法

若待测试样中含有 N 个相，需要测出其中 j 相的含量，向待测样品中加入一定量的内标物质 S(样品中不含 S 相)，使待测样品成为一个含($N+1$)相的混合样。ω_j' 为 j 相在该混合样中的质量分数，ω_s 为内标物质的质量分数。对于 j 相和 S 相可分别写出方程：

$$I_j = C K_j \frac{\omega_j'}{\rho_j \sum\limits_{j=1}^{N} \omega_j (\mu_m)_j}$$

$$I_s = C K_s \frac{\omega_s}{\rho_s \sum\limits_{j=1}^{N} \omega_j (\mu_m)_j}$$

两式相除，得

$$\frac{I_j}{I_s} = K_s^j \frac{\omega_j'}{\omega_s}$$

式中，$K_s^j = \dfrac{K_j \rho_s}{K_s \rho_j}$，称为 j 相的 K 值，它与待测相和内标相的密度、辐射波长、被测衍射峰(hkl)的 2θ 有关，与相的含量无关。若加入内标物质的质量分数和 j 相的 K 值已知，则可求得被测 j 相在混合物中的质量分数，进而获得待测样品中 j 相的质量分数 $\omega_j = \omega_j'(1 - \omega_s)$。

【实验步骤与要求】

(1) 选取一定量的待测样品进行充分研磨。

(2) 根据所测定的衍射图谱，进行物相鉴定，并选取某一物相的强衍射线来进行 K 值法实验，要求该衍射线强度要高，没有其他物相的衍射峰重叠。

（3）选择合适的参比样品，确定其用于 K 值法实验的衍射峰。

在选取参比样品时，要注意选取的参比样品化学性质要稳定，没有择优取向，所选衍射峰与混合样品中其他物相的衍射峰不发生重叠。

（4）按照 $1:1$ 重量比，称取参比样品和待测物相的纯相，两者进行充分的混合研磨。计算衍射峰的积分强度，按照公式获取 K 值。采用 Jade 软件进行积分强度计算：首先进行背底扣除，然后进行峰形拟合，最后获取积分强度。

（5）称取一定重量比的参比样品与待测试样混合，均匀研磨后进行 X 射线衍射测量。根据计算出的衍射峰的积分强度求得 ω_j' 值。

（6）根据公式计算得出 ω_j 值。

【思考题】

（1）说明物相定量分析方法及适用范围。

（2）分析影响样品衍射强度的因素有哪些？

实验五　测定晶粒大小与晶格畸变

【实验目的】

(1) 了解 X 射线衍射宽化的原理。

(2) 熟悉用 X 射线衍射峰宽化测定材料晶粒大小与晶格畸变的原理和方法。

(3) 掌握使用 X 射线衍射分析软件进行晶粒大小和晶格畸变测定。

【实验仪器】

帕纳科锐影高分辨 X 射线衍射仪。

【实验原理】

粉末粒度范围的扩大和颗粒形状的复杂性,特别是近年来纳米粉体的大量出现,使得准确而方便地测定粒度和形状变得很困难。而且,粉末越细,越容易形成团聚体。有些粒度测定方法的误差以及不同测定方法结果的对比或换算的难易,均与团聚状态及团聚强弱程度有直接关系。

在所有的粒径测定方法中,只有筛分析和显微镜法是直接测量粒径的,而其他方法都是间接测量,即通过测定与粉末粒度有关的颗粒物理和力学性质参数,然后换算成平均粒径或粒径分布。目前,可用于测定纳米粉末粒径的方法通常有 X 射线衍射线宽法、X 射线小角衍射法、电子显微镜法、BET 比表面积法等,一般实验至少选择其中的两种方法来测定粉末粒径。

一、衍射线形加宽的原因

材料加工等原因导致晶格畸变,使衍射线变宽,另外,晶粒细化也引起衍射线变宽。因此,一般情况下,衍射峰的宽度由三部分组成,即仪器本身固有的宽度、晶格畸变引起的宽化和由于晶粒细化引起的宽化。这三部分的效应不是简单的累加和,而是一种卷积关系。

如果令被测试样衍射线形函数为 $h(x)$,标样(只有仪器宽度)衍射的线形函数为 $g(x)$,物理加宽效应的线形函数为 $f(x)$(包括晶粒细化和微观应变),则三者之间遵循的总面积关系为

$$h(x) = \int_{-\infty}^{+\infty} g(y) f(x - y) \mathrm{d}y \tag{5.1}$$

精确地表达式(5.1)中的三个函数是困难的,在计算机数据处理中一般采用傅里叶

分析方法求解,而在手工数据处理中也可以用近似函数的方法。

二、加宽效应与晶粒尺寸和晶格畸变的关系

X 射线衍射理论和实践证明,晶粒尺寸与线形宽化存在如下关系(谢乐公式):

$$D = \frac{k\lambda}{\beta\cos\theta} \tag{5.2}$$

式(5.2)中,D 代表晶粒尺寸,其单位与辐射波长的单位相同;β 是衍射峰的半高宽(由于晶粒细化引起的线形宽化),其单位为弧度(rad);k 为常数,与线形、晶体外形、晶面有关,如立方体为 0.94、四面体为 0.89、球形为 1 等,一般忽略外形,取积分宽度 $k=1$,半高宽 $k=0.9$。

计算晶粒尺寸时,一般选取低衍射角的衍射线。

晶格畸变与引起的宽化之间存在如下关系:

$$\varepsilon = \frac{\Delta d}{d} = \frac{n}{4\tan\theta} \tag{5.3}$$

式(5.3)中,n 由于晶格畸变引起的线形宽化,其单位为 rad;计算结果的单位为无量纲数。

实际应用中,一般选取较高的衍射角来计算晶格畸变。

假定由微晶细化和微应变引起的宽化函数都遵循柯西关系,总宽化效应 β 可表示为 $\beta=m+n$,合并式(5.2)和式(5.3),可得式(5.4):

$$\frac{\beta\cos\theta}{\lambda} = \frac{1}{D} + 4\varepsilon\,\frac{\sin\theta}{\lambda} \tag{5.4}$$

以 $\frac{\sin\theta}{\lambda}$ 为横坐标,$\frac{\beta\cos\theta}{\lambda}$ 为纵坐标作图。

用最小二乘法作直线拟合,直线的斜率为微观应变的 4 倍,直线在纵坐标上的截距即为晶体尺寸的倒数。这种方法由 Hall(霍尔)提出,故称为 Hall 方法。

【实验步骤与要求】

观察热处理对 $ZnFe_2O_4$ 尖晶石微晶尺寸与微观应变的影响。样品是一种 $ZnFe_2O_4$ 尖晶石,在某温度下加热处理若干小时。实验步骤如下:

(1) 实验参数与点阵常数精确测量的实验条件相同,扫描样品的全谱。用 Jade 软件打开,经物相鉴定为 $ZnFe_2O_4$ 尖晶石,如图 5.1 所示。

(2) 分峰。选择较强的峰进行拟合。在本实验中,由于峰形较好,采用自动拟合,然后将很弱的峰取消。

(3) 查看拟合报告。选择菜单"Report-Peak Profile Report",如图 5.2 所示。其中,报告里 FWHM 是样品衍射峰宽度;XS(nm)是根据谢乐公式,在假定不存在微观应变条件下,计算出来的晶粒尺寸。

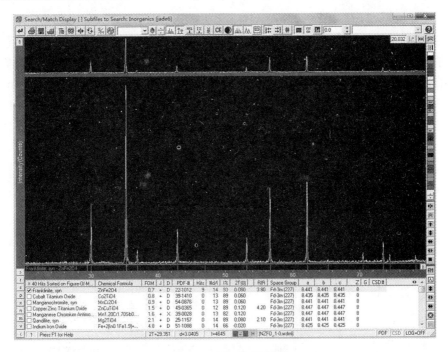

图 5.1　物相鉴定结果

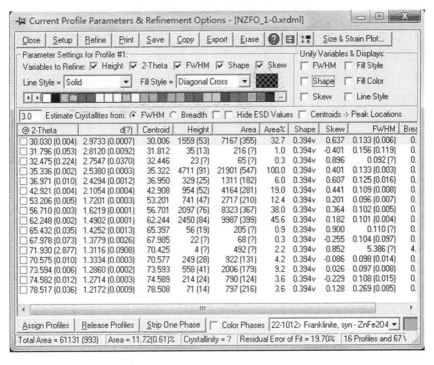

图 5.2　拟合报告

在菜单栏,点击"Report/Size & Strain Plot",弹出对话框,如图 5.3 所示。很显然,图中这些数据点并不是围绕一条水平线波动,而是可以拟合成一条斜线(说明存在微观应变)。可以看出,直线的斜率(4ε)不等于零。表明这是一种既存在微晶细化又存在微观应变的试样。窗口的左下角显示晶粒的平均晶粒尺寸 XS(nm)= 49.4 nm,微观应变 Strain(%)= 0.115。

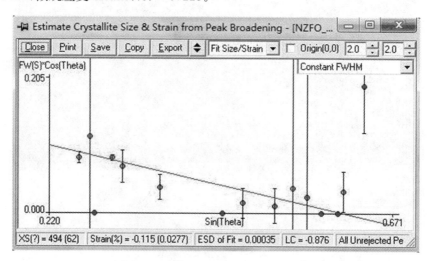

图 5.3　晶粒大小和微观应变拟合结果

(4) 保存。点击"Save"保存当前图片,再点击"Export"保存文本格式的计算结果。计算参数选择如下:

① 仪器宽度。一般来说,在衍射仪扫描的衍射谱中,不同衍射角下的峰宽度不同,即仪器宽度不是一个常数,实验前应当用标准 Si 校正仪器宽度。如果程序没有设置,在图 5.3 所示界面右上角的下拉列表中选择"Diffractometer";本例中选择用标准 Si 校正仪器宽度。

② 在图 5.3 所示界面"Fit Size/Strain"的下拉列表中还有另外两个选择:"Size only"和"Strain only"。如果样品仅存在晶粒细化(例如经过退火的纳米粉体,不存在微观应变),则不需要考虑微观应变的影响,此时,所有数据点应当在一条水平的直线上。相反地,对于一些加工态的金属样品(晶粒一般在微米级水平,不存在晶粒细化的影响),此时,数据点应当是在一条过原点的直线上。而对于一般样品,数据点应是在一条截距大于零,斜率不为零的直线上。

其中有几点说明,如下:

① 采用谢乐公式计算晶粒大小实际上是将衍射学中的"嵌镶块"的概念换成"晶粒",这是假定没有亚晶存在的情况下使用的。

② 谢乐公式中的系数 k 值是一个接近于 1 但不等于 1 的数,β 的计算精确度也依赖于峰形函数的选择。因此,计算结果不是一个绝对准确的数值,而只能作为相对值参考。例如计算结果为 38 nm,也许实际值应当是 30 nm 或 40 nm。

③ 不同衍射面的计算值是不相同的。通过多个晶面的衍射谱宽来计算晶粒大小,然后再取平均值,称为"平均晶粒大小"。

【思考题】

(1) X射线宽化的原因有哪些?

(2) 简要说明X射线技术测定晶格畸变的原理。

实验六　薄膜材料的 X 射线反射率(XRR)测量

【实验目的】

(1) 了解 XRR 测量的基本原理。
(2) 掌握 XRR 测量的基本操作。
(3) 掌握 XRR 测量薄膜厚度的方法。

【实验仪器】

帕纳科锐影高分辨 X 射线衍射仪。

【实验原理】

在薄膜材料的研究中,结构参数的测量,特别是厚度、粗糙度以及密度的测量对薄膜的结构和性能研究至关重要。X 射线反射率测量(XRR)可以提供薄膜样品厚度、密度以及表面粗糙度等方面的信息,且该方法具有无损、精度高以及快速等特点,现已逐渐成为常用测试方法。对于厚度为2~200 nm 的理想试样,厚度的测量精度可以达到0.1 nm。该方法对于晶体和非晶体材料均适用。

一、样品要求

XRR 测量对样品有一定的要求,一般以在样品中能看到自己的影子为参考,具体要求如下:
(1) 样品表面平整,二维方向没有结构。
(2) 样品表面粗糙度小于5 nm。
(3) 膜层和衬底或者不同的膜层之间存在比较显著的物质或者电子密度差异。
(4) 沿着 X 射线的方向,样品长度至少为3 mm。

二、XRR 测量原理

XRR 是利用 X 射线在物质表面及界面处发生反射和折射,以及反射线之间的互相干涉对薄膜的性质(密度、厚度、粗糙度)进行研究的一种方法。当材料的电子密度发生变化时,X 射线的反射和折射也会发生变化。X 射线以很小的入射角斜入射到薄膜介质中时,将在薄膜的表面和薄膜与衬底的界面处发生发射和折射现象,如图6.1所示。在薄膜上下界面处反射的光线符合干涉条件,将发生干涉相长和相消,反射光强度随入射角的变化出现周期性的振荡,其中包含薄膜厚度、表面粗糙度和密度等信息。在图6.1中,k_i,k_r,k_t分别表示入射、反射和折射时X光束的波矢,θ_i,θ_r,θ_t分别表示入射、反射和折射时X射线与界面的夹角,$q_z = k_r - k_i$为散射波矢,n_0,n_1,n_2分别为真空、薄膜和衬底对X射线的折射率。

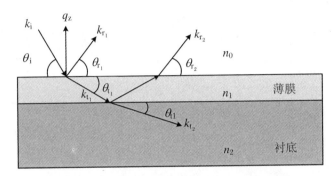

图6.1　X射线在薄膜表面的反射和折射示意图

凝聚态物质对X射线的折射率n略小于1,由斯涅尔定律可知,存在一个临界角θ_c,在此条件下X射线将发生全反射。对Cu K$_\alpha$线($\lambda = 0.154$ nm),临界角的范围为$0.2°\sim0.6°$,其中临界角θ_c定义为入射X射线方向与材料表面之间的夹角。当入射角小于临界角θ_c时,入射光束在薄膜表面发生全反射,反射光束的强度几乎没有变化;当入射角大于临界角θ_c时,一部分入射光在上表面发生反射,反射光束强度随入射角θ_i的增加而指数衰减,另一部分入射光进入薄膜在下表面发生反射,两部分反射光束符合相干条件,因此在反射光中会观察到强度的周期性变化。薄膜的厚度与这种周期性函数密切相关,薄膜厚度的计算公式为

$$d \approx \frac{\lambda}{2} \frac{1}{\sqrt{\theta_{m+1}^2 - \theta_c^2} - \sqrt{\theta_m^2 - \theta_c^2}} \tag{6.1}$$

式(6.1)中,d表示薄膜厚度;λ为入射X射线波长;θ_c为全反射临界角;θ_m和θ_{m+1}分别为第m和$m+1$级干涉极对应的入射角。

物质对X射线的反射率与折射率n有关,而n与薄膜的密度ρ密切相关,根据斯涅尔定律可得,薄膜密度ρ与临界角θ_c存在如下关系式:

$$\theta_c \approx \sqrt{\frac{r_0 \lambda^2 N_A (Z + f')\rho}{\pi M}} \tag{6.2}$$

式(6.2)中,r_0为波尔原子半径;λ为入射X射线波长;N_A为阿伏伽德罗常数;Z为原子序数;f'为单电子波形函数的一阶导数,M为原子量。从上式可以看出,直接计算密度ρ有相当难度,但是我们可以根据此式得出θ_c与ρ之间的对应关系。一般来说,薄膜的密度越高,全反射临界角越大;薄膜的电子密度越大,高角反射率

越大,如图 6.2 所示。

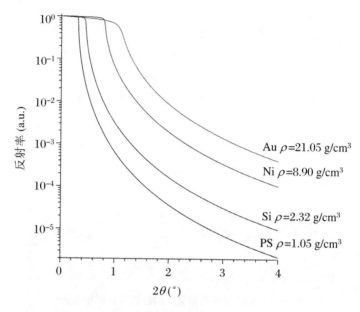

图 6.2 临界角、反射率与薄膜密度及种类的关系

当 X 射线入射到有一定粗糙度的薄膜表面时,会发生镜面发射和漫反射。表面粗糙度可分为宏观粗糙度和微观粗糙度两种,如图 6.3 所示。对于前者,使反射光的宽度增加,反射光不包含有用信息,XRR 失效。而对于微观层面的粗糙度,一般用玻恩近似法计算反射强度,并假设薄膜表面形貌的高低起伏符合高斯分布,用斯涅尔反射系数 $R_F(q_z)$ 来描述薄膜表面的反射率 $R(q_z)$,其关系式为

$$R(q_z) = R_F(q_z)\exp(-q_z^2\sigma^2) \tag{6.3}$$

式(6.3)中,q_z 表示散射波矢;σ 为薄膜表面的 RMS 粗糙度;$R_F(q_z)$ 为菲涅尔反射系数。图 6.4 为反射率与表面粗糙度 σ 之间的关系。

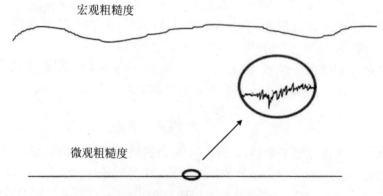

图 6.3 薄膜中存在的两种粗糙度

从上述分析来看,要直接计算出薄膜的密度 ρ 和表面粗糙度 σ 之间的关系极为困难,但我们可以采用帕纳科锐影高分辨 X 射线衍射仪的相关软件进行拟合,以便得到有关薄膜式样的真实参数。

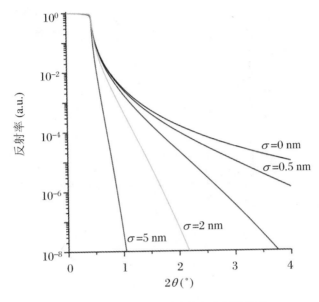

图6.4 反射率与表面粗糙度之间的关系

【实验步骤与要求】

(1) 安装 X 射线衍射仪模块,XRR 所用模块有平行光模块、平板样品台、平板准直器。

(2) 将 X 光管焦斑置于线焦斑。

(3) 放置样品,需保证薄膜上表面与薄膜载片平齐。

(4) 将光管电压电流升为 40 kV,40 mA。

(5) 调试光路,实现镜面耦合,此过程中进入探测器的 X 光能量较大,需安装衰减片,否则容易对探测器造成损伤。

(6) 选择 θ - 2θ 模式,设定合适的角度范围和步长,完成测试。

(7) 利用相关软件对数据进行拟合处理,得到所需信息,图 6.5 为不同厚度样品的反射图谱示例。

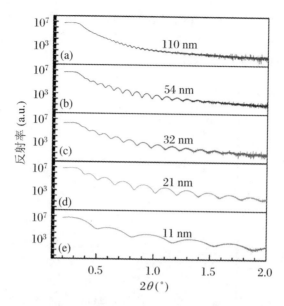

图 6.5　不同厚度样品的 XRR 图谱

【思考题】

(1) 由 XRR 测试可以得到哪些样品信息？测试对样品有什么具体要求？

(2) XRR 测试中,反射光强度与哪些因素有关？

(3) 测试过程中有哪些注意事项？

(4) 如何从测试数据得到厚度信息？

第二章　电子显微分析

实验七　扫描电子显微镜的结构、工作原理及使用

【实验目的】

(1) 了解扫描电子显微镜的基本结构和原理。

(2) 掌握扫描电子显微镜试样的制备方法。

(3) 掌握扫描电子显微镜 JSM-6610 的基本操作。

【实验仪器】

JSM-6610 型扫描电子显微镜。

【实验原理】

扫描电子显微镜(简称扫描电镜或 SEM)是介于透射电镜和光学显微镜之间的一种微观形貌观察手段,可直接利用样品表面材料的物质性能进行微观成像。

扫描电镜的优点是:

(1) 有较高的放大倍数,20~200 000 倍之间连续可调。

(2) 有很大的景深,视野大,成像富有立体感,可直接观察各种试样表面凹凸不平的细微结构。

(3) 试样制备简单。目前的扫描电镜都配有 X 射线能谱仪装置,这样可以同时进行显微组织形貌的观察和微区成分分析,因此它是当今十分有用的科学研究仪器。

一、扫描电镜的基本结构

图 7.1 是 JSM-6610 型扫描电子显微镜的外观照片,一般由四部构成:电子光学系统、机械系统、真空和电子系统以及样品产生信号的收集、处理和显示系统。

图 7.1　　JSM-6610 型扫描电子显微镜的外观照片

1. 电子光学系统

电子光学系统包括电子枪、电磁透镜和扫描线圈等组件。

电子枪是产生电子束的部件,是由阴极(灯丝)、栅极和阳极组成。其中,灯丝有钨灯丝、LaB_6 和场发射三类。钨灯丝加热到 2 100 K 左右时,电子能够克服大约平均 4.5 eV 的逸出功而逃逸,钨灯丝利用热效应来发射电子。不过,钨灯丝发射电子效率比较低,要达到实用的电流密度,需要较大的钨丝发射面积。一般钨丝的电子源直径为几十微米,这样大的电子源很难进一步提高分辨率。此外,钨灯丝亮度差、电流密度低、单色性也不好,所以钨灯丝目前最高只能达到 3 nm 的分辨率,实际使用放大倍数在 10 万倍以下。LaB_6 灯丝在加热到高温(1 500～2 000 K)之后,也能克服平均逸出功 2.4 eV 而发射电子,曲率半径为几微米。LaB_6 灯丝的亮度比钨灯丝提高数倍,因此 LaB_6 灯丝电镜有比钨灯丝更高的分辨率。场发射灯丝的发射体是钨单晶,并有一个极细的尖端,其曲率半径为几十到 100 nm,在钨单晶的尖端加上强电场,利用量子隧道效应就能使其发射电子。场发射电子枪分为热场发射和冷场发射。热场发射的钨阴极需要加热到 1 800 K 左右,尖端发射面为〈100〉或〈111〉取向,单晶表面有一层氧化锆,以降低电子的发射功函数(约为2.7 eV)。冷场发射无需加热,室温下就能进行工作,其钨单晶为〈310〉取向,逸出功最小,利用量子隧道效应发射电子。冷场电子束直径、发射电流密度、能量扩展(单色性)都优于热场发射,所以冷场电镜的分辨率比热场更有优势。不过,冷场电镜的束流较小(一般为 2 nA),稳定性较差,每隔几小时需要加热(Flash)一次,对需要长时间工作和大束流分析有不良影响。不过目前 Hitachi 最新的冷场 SEM 的束流已经达到 20 nA,稳定性也提高了很多。表 7.1 为各种电子枪的特性比较。

扫描电镜中的各种电磁透镜都不作为成像透镜使用,而是作为会聚透镜使用,其功能是把电子枪的束斑逐级聚焦缩小,使原来直径为 50 μm 的束斑(普通钨灯丝)缩小成一个只有几纳米大小的细小斑点。这个缩小的过程需要几个透镜来完成,通常采用三个聚光镜,前两个是强磁透镜,负责把电子束斑缩小,而第三个透镜(习惯上称其为物镜)比较特殊,它的功能是在试样室和透镜之间留有尽可能大的空间,以便装入各种信号探测器。物镜大多采用上下极靴不同孔径、不对称的磁透镜,主要是为了不影响对二次电子的收集。另外,物镜中要有一定的空间用于容纳扫描线圈和消像散器。这些电磁透镜可以把普通热阴极电子枪的电子束束斑缩小到 6 nm 左右,若采用 LaB_6 和场发射枪,电子束斑还可进一步缩小。

表 7.1　各种电子枪的特性比较

性能特征		热电子发射		场发射		
		W	LaB_6	热阴极 FEG		冷阴极 FEG
				ZrO/W(100)	W(100)	W(310)
亮度在 200 KV 时 ($A \cdot cm^{-2} \cdot str^{-1}$)		约 5×10^4	约 5×10^6	约 5×10^8	约 5×10^8	约 5×10^8
光源尺寸		50 μm	10 μm	0.1～1 μm	10～100 nm	10～100 nm
能量发散度(eV)		2.3	1.5	0.6～0.8	0.6～0.8	0.3～0.5
使用条件	真空度(Pa)	10^{-3}	10^{-5}	10^{-7}	10^{-7}	10^{-8}
	温度(K)	2 800	1 800	1 800	1 600	300
发射	电流(μA)	约 100	约 20	约 100	20～100	20～100
	短时间稳定度	1%	1%	1%	7%	5%
	长时间稳定度	1%/h	3%/h	1%/h	6%/h	5%/15 min
	电流效率	100%	100%	10%	10%	1%
维修		无需	无需	安装稍费时间	更换时要安装几次	每隔几小时必须进行一次闪光处理
价格/操作性		便宜/简单	便宜/简单	贵/容易	贵/容易	贵/复杂

　　扫描线圈是扫描电镜中必不可少的部件,它的作用是使电子束偏转,并在试样表面做有规律的扫描。这个扫描线圈与显示系统中显像管的扫描线圈由同一个锯齿波发射器控制,两者严格同步。扫描线圈通常采用磁偏转式,大多位于最后两个透镜之间,也有的放在末级透镜的空间内。SEM 的放大倍数 $M = i/L$,其中 i 为荧光屏长度(它是固定的),L 为电子束在试样上扫过的长度。放大倍数 M 是由调节扫描线圈的电流来改变的,电流小,电子束偏转小,在试样上移动的距离小(L 小),M 就大,反之,M 就小。一般 SEM 的放大倍数为 10 万～50 万倍,而且放大

倍数是连续可调的。

　　图 7.2 给出了电子束在样品表面进行扫描的两种方式。进行形貌分析时都采用光栅扫描,当电子束进入上偏转线圈时,方向发生转折,随后又由下偏转线圈使它的方向发生第二次转折,如图 7.2(a)所示。发生二次偏转的电子束通过末级透镜射到试样表面。在电子束偏转的同时还带有一个逐行扫描动作,电子束在上下偏转线圈的作用下,在试样表面扫描出方形区域,相应地在显像管的荧光屏上也扫描出成比例的图像。试样上各点受到电子束轰击时发出的信号可由信号探测器接收,并通过显示系统在显像管荧光屏上按强度显示出来。如果电子束经上偏转线圈后未经下偏转线圈改变方向,直接由末级透镜折射到入射点位置,这种扫描方式称为角光栅扫描或摇摆扫描,如图 7.2(b)所示,它用于电子通道的花样分析。

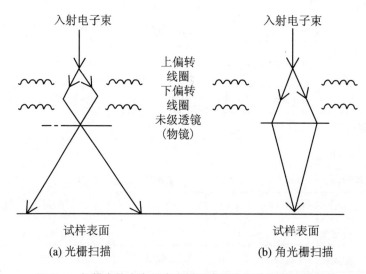

图 7.2　扫描电镜中电子束在样品表面进行的两种扫描方式

2. 机械系统

　　机械系统包括支撑部分和样品室。样品室除了放置样品外,还要安置信号探测器。所有的信号探测器都在样品室之内或周围,因为有些信号的收集与几何方位有关,故样品室在设计时不仅要考虑如何对各类信号检测有利,还要考虑同时收集几种信号的可能性。故样品室的设计是非常讲究的。样品室中最主要部件之一是样品台,它不仅要能够容纳大的试样(大于 100 mm),还要能进行三维空间的移动、倾斜和转动,活动范围很大,而且精度高、振动小。样品台的运动可以手动操作,也可计算机控制,其在三维空间的移动精度可达到 1 μm。样品还可以在样品台上加热、冷却和进行力学实验(如拉伸和疲劳)。

3. 真空和电子系统

　　为了保证扫描电镜的电子光学系统正常工作,扫描电镜的镜筒内要有 $1.33 \times 10^{-3} \sim 1.33 \times 10^{-2}$ Pa 的真空度。另外,扫描电子显微镜还有一套电子系统以提供电压控制和系统控制。

4．样品产生信号的收集、处理和显示系统

样品产生信号的收集、处理和显示系统主要包括二次电子和背散射电子收集器、吸收电子检测器、阴极射线管（CRT）或 CCD 照相机、X 射线检测器（波谱仪或能谱仪）。

二、扫描电镜的主要性能指标

1．分辨率

在扫描电镜的各种信号中，二次电子像具有最高的分辨率，一般扫描电镜的分辨率就是指二次电子像的分辨率。使用热钨丝发射电子枪的扫描电镜的分辨率目前一般是 3～6 nm，采用场发射枪的扫描电镜的分辨率一般是 1～2 nm，顶级的超高分辨率扫描电镜的分辨率为 0.4～0.6 nm。

2．放大倍数

扫描电镜的放大倍数可从几十倍到几十万倍连续可调，而光学显微镜和透射电镜的放大倍数都不是连续可调的。

3．景深

扫描电镜的末级透镜（物镜）采用小孔视角、长焦距，所以可获得很大的景深。扫描电镜的景深比一般光学显微镜大 100～500 倍，比透射电镜大 10 倍左右。

三、扫描电镜的基本原理

扫描电镜的基本原理如图 7.3 所示。由电子枪发出的电子束经过栅极静电聚焦后成为 ϕ 50 μm 的点光源，然后在加速电压（1～30 kV）作用下，经两三个透镜组成的电子光学系统，被会聚成几十埃大小并聚焦到样品表面。在末级透镜上有扫描线圈，它的功能是使电子束在样品表面扫描。由于高能电子束与试样物质的相互作用，产生各种信号（二次电子、背散射电子、吸收电子、X 射线、俄歇电子、阴极荧光等），这些信号被相应的接收器接收，经放大器放大后送到显像管（CRT）的栅极上而调制显像管的亮度。由于扫描线圈的电流与显像管的相应偏转电流同步，因此试样表面任意点的发射信号与显像管荧光屏上的亮点一一对应。也就是说，电子束打到试样上一点，在显像管荧光屏上就出现一个亮点。而我们所要观察的试样在一定区域的特征，则是采用扫描电镜的逐点成像的图像分解法显示出来的。试样表面由于形貌不同，对应于许多不相同的单元（称为像元），各像元在电子束轰击后，发出数目不等的二次电子、背散射电子等信号，依次从各像元检出信号，再一一传送出去。传送的顺序是从左上方开始到右下方，依次一行一行地传送像元，直至传送完一幅或一帧图像。采用这种图像分解法，就可以用一套线路传送整个试

样表面的不同信息。为了按照规定的顺序检测和传送各像元处的信息,就必须使聚得很细的电子束在试样表面做逐点、逐行的运动,也就是光栅状扫描。

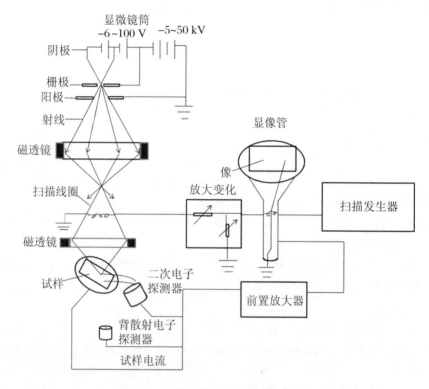

图 7.3　扫描电镜的工作原理示意图

【实验步骤与要求】

实验内容:完成一个二次电子像的观察全过程,包括试样的制备、仪器的操作、图像观测和记录。

一、试样制备

扫描电镜观察的试样必须是固体(块状或粉末),在真空条件下能长时间保持稳定。对于含有水分的样品要事先干燥。表面有氧化层或沾污物者,要用丙酮等溶剂清洗,有些样品必须用化学试剂侵蚀后才能显露显微组织形态。

1. 块状样品的制备

样品直径一般为 10～20 mm,厚度约为 10 mm。对于导电性材料只要切取适合即可。注意不要损伤所要观察的新鲜断面,用导电胶粘贴在铜或铝质样品座上,之后直接放到扫描电镜中观察。对于导电性差或绝缘的非金属材料,由于在电子束作用下会产生电荷堆积,阻挡入射电子束进入样品以及样品内电子射出样品表面,致使图像质量下降。因此,这类样品用导电胶粘贴到样品座上后,要在离子溅射镀膜仪或真空镀膜仪中喷镀一层约 10 nm 厚的金、铝、铜或碳膜导电层。导电层太厚将掩盖样品表面细节,太薄则会造成不均匀及局部放电,影响图像质量。

2. 粉末样品的制备

粉末样品的制备包括样品收集、固定和定位等环节。其中粉末的固定是关键,通常用表面吸附法、火棉胶法、胶纸(带)法和过滤法。最常用的是胶纸法,先把两面胶纸粘贴在样品座上,然后把粉末撒到胶纸上,吹去未粘贴在胶纸上的多余粉末即可。对于不导电的粉末样品必须喷镀导电层。对于元素成像衬度(背散射电子像、吸收电子像和特征 X 射线扫描像)的样品,表面必须抛光。

二、扫描电镜的操作

(1) 接通电源,打开电镜主机上的开关,打开电脑。

(2) 点击电脑桌面上的电镜操作软件,此时软件上的"HT"显示为灰色,电镜真空泵自动对电子枪及样品室抽气。抽气完成后,"HT"会变成蓝色。

(3) 点击操作界面的"Sample",选择"Vent"调整"Stage"中的 Z 轴为 40 mm 以上,打开样品室,取出样品台(注意:在取样品台时,手不得接触二次电子探头和背散射探头)后,固定好样品后放回(样品要确保具有良好的导电性)。完成后,点击"Sample"中的"Evac",真空泵开始工作,当"HT"变为蓝色时,抽气完成。

(4) 确定工作电压、工作距离及束斑大小,工作电压通常取 30 kV,工作距离"WD"通常取 10 mm,束斑"Spots"通常取 30。

(5) 点击"HT",打开高压,"HT"变为绿色。

(6) 打开"Stage",通过点击"X""Y""T""R"四个按钮找到样品的位置,在调整 Z 轴确定样品台的位置(注意:在确定工作距离的时候要考虑样品的高度)后,放大样品到模糊看不清的倍数,通过对 Z 轴的上下移动调整样品到最清晰的位置,之后再次放大样品到模糊看不清的倍数,再用同样的方法调整到最清晰的位置。

(7) 先选择一个合适的放大倍数,再选择一个最佳的拍照位置(样品表面尽量平整)。

(8) 旋转操作台上的聚焦旋钮,使图像最清晰。

(9) 旋转消像散旋钮,调整 X、Y 轴上的像散(先调一个方向,再调另一个方向),使图像最清晰。

(10) 按操作台上的对比度和亮度按钮,使对比度和亮度达到最合适的状态。

(11) 点击软件操作窗口的"Scan3",观察扫描图像的效果。如果效果不够理想,按上述方法重新调整。

(12) 点击软件操作窗口的"Scan4",80 s 后图像处理完毕。

(13) 点击图像上的"Save"按钮,保存图像。

（14）退出电镜操作软件。

（15）依次关电脑、SEM 主机和 SEM 电源。

（16）清洁仪器，整理实验台，填写使用记录并签字。

【思考题】

（1）扫描电镜在材料研究中的应用有哪些？

（2）如何进行扫描电镜的制样和操作？

（3）扫描电镜主要由几大系统构成？

（4）光栅状扫描概念。

实验八 扫描电镜的二次电子像及形貌分析

【实验目的】

(1) 了解扫描电子显微镜在形貌分析中的作用。

(2) 掌握扫描电子显微镜衬度形成原理。

(3) 通过与背散射电子形貌衬度和原子序数衬度比较,掌握二次电子成像特点。

【实验仪器】

扫描电子显微镜 JSM-6610(SEM)、Hitachi Regulus 8220。

【实验原理】

二次电子是由于被入射电子"碰撞"而获得能量,逃出样品表面的核外电子,其主要特点是:

(1) 能量小于 50 eV,较易被检测器前端的电场吸引,因而阴影效应较弱。

(2) 只有样品表面很浅(约 10 nm)的部分激发出的二次电子才能逃出样品表面,因此二次电子像的分辨率较高。

(3) 二次电子的产额主要取决于样品表面的局部斜率,因此二次电子像主要是形貌像(不严格地俗称"形貌像")。形貌像可看成由许多不同倾斜程度的面构成的凸尖、台阶、凹坑等细节组成,这些细节的不同部位发射的二次电子数不同,从而产生衬度。二次电子像具有分辨率高、无明显阴影效应、场深大、立体感强等优点,是扫描电镜的主要成像方式,特别适用于粗糙样品表面的形貌观察。

一、二次电子像及其形貌衬度原理

表面形貌衬度是利用样品表面形貌变化敏感的物理信号作为调制信号而得到的一种像衬度。物质原子核外电子受到入射电子作用产生激发,以入射方向逸出样品的电子称为二次电子。二次电子信号主要来源于样品表层 5~10 nm 深度范围,在不平整的凸凹微区表面上,二次电子相对于入射电子束的方向十分敏感,且分辨率高,因此适用于显示形貌衬度。二次电子一般可分为四类:

① 二次电子 1。由入射电子在试样中激发的二次电子。

② 二次电子 2。由试样中背散射电子激发的二次电子。

③ 二次电子 3。由试样的电子背散射在远离电子入射点产生的二次电子。

④ 二次电子 4。由入射束的电子在电子光学镜筒内激发的二次电子。

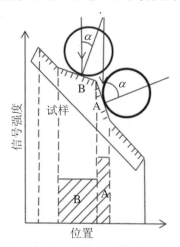

图 8.1 表面形貌衬度

在扫描电子显微镜中,入射电子束的方向是固定的,但是由于试样表面凸凹不平,导致了电子束对试样表面的入射角的不同。如图 8.1 所示,试样中 A、B 两个平面的入射角 α 是不同的,由二次电子的反射规律可以知道,入射角 α 越大,二次电子产额 δ 越高,故而扫描电镜探测器接收到的二次电子数量也不同,从而图像上的亮度也不同。例如,A 区的入射角比 B 区大,A 区接收到的二次电子更多,所以反映在图像上就是 A 区比 B 区更亮,从而将试样的形貌衬度表现出来。

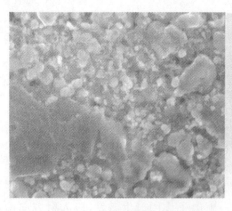

(a) 二次电子图像　　　　　　　　　　(b) 背散射电子图像

图 8.2 二次电子成像与背散射电子成像图片

实际上,二次电子产额和背散射电子的反射系数都可以表现试样的形貌衬度,但由于背散射电子出射深度深,发射区域相对二次电子很大,所以空间分辨率相对二次电子低得多,立体感也不及二次电子,背散射电子很大程度上反映的是亚表面形貌。从图 8.2 中可明显看出,二次电子显示的形貌要比背散射电子信号灵敏。

二、二次电子产额与原子序数衬度的关系

目前,很多地方将二次电子图像称为形貌图,将背散射电子图像称为成分图,实际上这样表述不是非常严密。一般地,二次电子产额主要对形貌更敏感,背散射电子产额主要对成分更敏感,但是二次电子图像也能反映一定的成分衬度,背散射电子图像也包含了一定的形貌衬度。因此,无论是二次电子图像还是背散射电子图像,其实始终都至少是这两种衬度的混合。

二次电子产额除了和形貌、入射电子束能量相关外,和原子序数 Z 也有一定的关系。二次电子产额与原子序数之间是个复杂的关系。不同原子序数的物质由于核外电子数目不同以及电离能的差别,导致二次电子产额和原子序数也有一定的关系。此外,不同的原子数对背散射电子的产额也有差异,而背散射电子也会产生二次电子。

二次电子产额在总体上随着原子序数的增大而增加。当原子序数 $Z<20$ 时,二次电子产额随着原子序数 Z 的增加也有所增加;当原子序数 $Z>20$ 时,二次电子产额基本上不随原子序数的变化而变化,只有 Z 小的元素的二次电子产额与试样的组分有关。所以二次电子通常情况下用于观察表面形貌,而不用于观察成分分布;不过在原子序数较低或差异较大的时候,二次电子也能看出原子序数衬度。

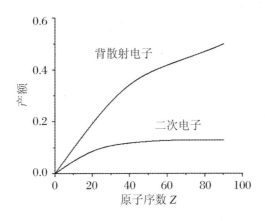

图 8.3　二次电子和背散射电子产额与原子序数的关系

图 8.3 是二次电子和背散射电子产额与原子序数之间的关系图。由图 8.3 可以看出,无论是二次电子还是背散射电子,其产额都随着原子序数的增加而增加。故在进行分析时,试样中原子序数较高的区域可以发射出比原子序数较低区域更多的二次电子和背散射电子,也就是说原子序数较高的区域图更亮,这就是原子序数衬度的原理。另外,图 8.3 也说明了二次电子反映的原子序数衬度相比背散射电子要弱很多。

(a) 二次电子图像　　　　　　　　　　(b) 背散射电子图像

图 8.4　碳银混合材料的二次电子和背散射电子图像

在原子序数 Z 较小,或者 Z 相差很大时,二次电子也能够表现出较好的原子序数 Z 衬度。如图 8.4 所示,(a)图是碳银混合材料的二次电子像,碳的原子序数很小,而银的原子序数较大,两者的二次电子产额依然有较大的差异,所以我们可以很容易地从二次电子图像上来区分出碳和银。而(b)图背散射电子图像的成分衬度更加明显,不过其表面细节却远不如二次电子图像。图 8.5 所示的碳银电子产额更加证实了这一点。虽然二次电子和背散射电子都能表现原子序数衬度,但是无论原子序数 Z 如何,背散射电子对原子序数的敏感度始终比二次电子高很多。因此,在进行成分分析时,背散射电子使用更为广泛;而进行形貌分析时,二次电子使用更为广泛。

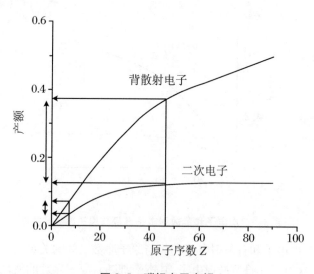

图 8.5　碳银电子产额

【实验步骤与要求】

(1) 试样制备。要求所制备的形貌具有明显的凹凸微纳米结构,则试样中至少含有两种原子序数 Z 相差较大的元素,且其中一个元素的原子序数 Z 要小于20。

(2) 样品的形貌观察。将准备好的试样用导电胶粘在样品台上,放进扫描电镜样品仓中,抽真空,进行形貌观察。

(3) 高压值的选择。二次电子像的分辨率一般随着加速电压的增加而提高。加速电压越高,分辨率越高;荷电效应越大,污染的影响越小;外界干扰越小,像质衬度越大。

(4) 聚光电流的选择。在高压和光阑固定的情况下,调节聚光镜的电流,可改变电子束束流的大小。聚光镜激磁电流越大,电子束流越小,束斑直径越小,从而提高分辨率;但束流减小,会使二次电子产额减少,图像变得粗糙,噪音增大。

(5) 工作距离的选择。工作距离是指物镜(聚光镜)的下极靴端面距样品表面的距离。通常由微动装置的 Z 轴调节。工作距离越小,分辨率越高,反之亦然。其通常为 $10\sim15$ mm,高分辨率采用 5 mm,为了加大景深可增加工作距离至 30 mm。

(6) 聚焦与像散校正。通过聚焦调节钮进行聚焦。由于扫描电镜的景深较大,通常在高倍下聚焦,低倍下观察。当垫子通道被污染时,会产生像散,即在过焦和欠焦时,图像细节在互为 $90°$ 的方向上较长,需用消像散器校正。

(7) 图像记录。通过反复调节,获得满意的图像后即可进行照相记录。照相时,适当降低增益,并将图像的亮度和对比度调整到适当的范围,以获得背景适中、层次丰富、立体感强且柔和的照片。

(8) 在背散射电子模式下,观察形貌和原子序数衬度成像,比较其与二次电子的形貌和原子序数衬度的区别。

【思考题】

(1) 简述扫描电镜分析中二次电子成像的原理。

(2) 简述二次电子产额与入射电子束角度 α 的关系。

(3) 说明二次电子、背散射电子与形貌衬度、原子序数衬度的区别。

实验九　透射电镜的基本结构和操作

【实验目的】

(1) 了解透射电子显微镜的基本结构。

(2) 掌握透射电子显微镜的操作原理。

(3) 掌握透射电子显微镜的基本操作。

【实验仪器】

JEM-2100(UHR)型透射电子显微镜。

【实验原理】

光学显微镜的发明为人类认识微观世界提供了重要的工具。随着科学技术的发展,光学显微镜因其有限的分辨本领而难以满足许多微观分析的需求。电子显微镜的发明将分辨本领提高到纳米量级,同时也将显微镜的功能由单一的形貌观察扩展到集形貌观察、晶体结构、成分分析等于一体。人类认识微观世界的能力从此有了长足的发展。

一、透射电镜的基本结构

光学透镜的分辨本领主要取决于照明源的半波长,半波长是光学显微镜分辨率的理论极限。可见光的最短波长是 390 nm,最高分辨率近似于 200 nm,光学显微镜的分辨本领受到可见光的波长限制。20 世纪 30 年代后,电子显微镜的发明将分辨本领提高到纳米量级。透射电子显微镜是以波长极短的电子束作为照明源,用电磁透镜聚焦成像的高分辨、高放大倍率的电子光学仪器,其外观照片如图9.1 所示。

透射电子显微镜是材料科学研究的重要手段,能够提供极其细微材料的组织结构、晶体结构和化学成分等方面的信息。通常透射电镜由电子光学系统、电源系统、真空系统、循环水冷却系统和控制系统组成,其中电子光学系统是电镜的主要组成部分。透射电子显微镜主体的断面如图 9.2 所示,其主要由照明系统、成像系统和观察与记录系统三部分组成。由图 9.2 可见,透射电镜电子光学系统是一种积木式结构,上面是照明系统,中间是成像系统,下面是观察与记录系统。

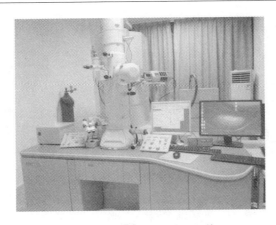

图 9.1 透射电镜的外观照片

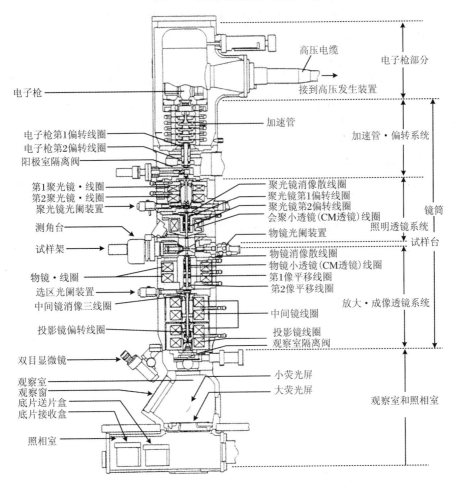

图 9.2 透射电子显微镜(JEM-2100 型)主体的断面图

（一）照明系统

照明系统主要由电子枪和聚光镜组成，电子枪是发射电子的照明光源，聚光镜是把电子枪发射出来的电子汇聚而成的交叉点进一步汇聚后照射到样品上。照明系统的作用就是提供一束亮度高、照明孔径角小、平行度好、束流稳定的照明源。

（二）成像系统

成像系统主要由物镜、中间镜和投影镜组成。

1. 物镜

物镜是用来形成第一幅高分辨率的电子显微图像或电子衍射花样的透镜。透射电子显微镜分辨本领的高低主要取决于物镜。因为物镜的任何缺陷都被成像系统中其他透镜进一步放大，因此欲获得物镜的高分辨率，必须尽可能降低像差。通常采用的是强激磁、短焦距的物镜，它的放大倍数较高，一般为 100~300 倍，目前，高质量的物镜分辨率可达 0.1 nm 左右。物镜的分辨率主要取决于极靴的形状和加工精度，一般来说，极靴的内孔和上下级之间的距离越小，物镜的分辨率就越高。为了减少物镜的球差，往往在物镜的后焦面上安放一个物镜光阑。物镜光阑不仅具有减少球差、像散和色差的作用，而且可以提高图像的衬度。此外，物镜光阑位于后焦面的位置时，可以方便地进行暗场及衬度成像的操作。

2. 中间镜

中间镜是一个弱激磁的长焦距变倍透镜，可在 0~20 倍范围调节。当 $M>1$ 时，进一步放大物镜的像；当 $M<1$ 时，缩小物镜的像。在电镜操作过程中，主要是利用中间镜的可变倍率来控制电镜的放大倍数。

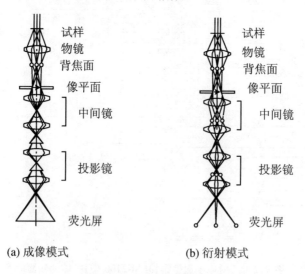

(a) 成像模式　　　　　(b) 衍射模式

图 9.3　三级放大成像

如果把中间镜的物平面和物镜的像平面重合,则在荧光屏上得到一幅放大像,这就是电子显微镜中的成像操作,如图 9.3(a)所示。如果把中间镜的物平面和物镜的后焦面重合,则在荧光屏上得到一幅电子衍射花样,这就是电子显微镜中的电子衍射操作,如图 9.3(b)所示。

3. 投影镜

投影镜的作用是把经中间镜放大(或缩小)的像(电子衍射花样)进一步放大,并投影到荧光屏上,它和物镜一样,是一个短焦距的强磁透镜。投影镜的激磁电流是固定的。因为成像电子束进入投影镜时孔镜角很小(约 10^{-3} rad),所以它的景深和焦距都非常大。即使改变中间镜的放大倍数,使显微镜的总放大倍数有很大的变化,也不会影响图像的清晰度。

高性能的透射电镜大都采用 5 级透镜放大,即中间镜和投影镜各有两级,分为第一中间镜和第二中间镜,第一投影镜和第二投影镜。

(三) 观察和记录系统

观察和记录装置包括荧光屏和照相机,在荧光屏下面放置一下可以自动换片的照相暗盒。照相时只要把荧光屏竖起,电子束即可使底片曝光。由于透射电子显微镜的焦长很大,虽然荧光屏和底片之间有数十厘米的间距,但仍能得到清晰的图像。

目前,观察和记录装置主要采用荧光屏和 CCD 相机(Charge Coupled Devices)。透射电子显微镜中的 CCD 相机是透射电镜用户的得力助手,不仅可应用于图像和电子衍射花样的采集,而且还可以对得到的数字图像进行存储、编辑,从而大大提高透射电镜研究人员的工作效率。

二、透射电镜的主要性能指标

1. 分辨率

分辨率是反映电子显微镜水平的首要性能指标,标志其分辨细节的能力。电子显微镜对于试样上最细微部分所能获得清晰图像的能力,通常用可以辨别的物体上两点间的最小距离来表示,被分辨的距离越短,值越小,则显微镜的鉴别能力越高。电磁透镜和光学透镜一样,除了衍射效应对分辨率的影响外,还有像差对分辨率的影响。由于像差的存在,使得电磁透镜的分辨率低于理论值。电磁透镜的像差包括球差、像散和色差。目前,最佳的电镜分辨率只能达到 0.1 nm 左右。

2. 放大倍数

电子图像上的尺寸与被观察试样上的实际尺寸比值为电子显微镜的线放大倍数,即 M = 像长/物长,可在几十倍到 100 万倍的范围内调节。但最有意义的是有效放大倍数,即将图像上可分辨的最小距离放大到肉眼可分辨时的放大倍数。例如,人眼分辨率是 0.2 mm,如果电子显微镜分辨率是 1 nm,则有效放大倍数为 0.2 mm/1 nm＝200 000 倍。如果放大 30 万倍,则图像就不清楚,放大倍数高于 20 万倍也就无意义。

透射电镜的放大倍数随样品平面高度、加速电压、透镜电流变化而变化。TEM 在使用过程中,各元件的电磁参数会发生少量变化,从而影响放大倍数的精度。因此,必须定期标定。其标定方法是:用衍射光栅复型为标样,在一定条件下(加速电压、透镜电流),拍摄标样的放大像,然后从底片上测量光栅条纹像间距,并与实际光栅条纹间距相比,即为该条件下的放大倍数,如图 9.4 所示。例如,衍射光栅 2 000 条/mm,条纹间距 0.000 5 mm。利用光栅复型上喷镀碳微粒法标定。碳微粒间距较光栅微粒间距小,用光栅间距标定碳粒间距可以扩大标定范围,适用于 5 000～50 000 倍的情况。另外,还有利用晶格条纹像法标定。用测定晶格分辨率的样品为标样,拍摄条纹像,测量条纹像间距,再计算条纹像间距与实际晶面间距的比值,即为放大倍数。此方法适用于高倍,如 10 万倍以上的情况。

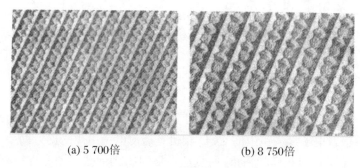

(a) 5 700倍　　　　　　　(b) 8 750倍

图 9.4　衍射光栅复型标样

3. 加速电压

加速电压是电子枪中阳极和灯丝间的电位差。透射电镜加速电压的大小决定了电子束对试样的穿透能力和仪器的分辨率。随着透射电镜加速电压的增大,电子波波长 λ 变小,仪器的分辨率提高。

三、透射电镜的基本原理

透射电镜的工作原理是:由电子枪发射出来的电子束,在真空通道中沿着镜体光轴穿越聚光镜,汇聚成一束尖细、明亮而又均匀的光斑,照射在样品室内的样品上;透过样品后的电子束携带有样品内部的结构信息,样品内致密处透过的电子量少,稀疏处透过的电子量多;经过物镜的汇聚调焦和初级放大后,电子束进入下级的中间透镜和第 1、第 2 投影镜进行综合放大成像,最终被放大的电子影像投射在观察室内的荧光屏板上;荧光屏将电子影像转化为可见光影像或在 CCD 相机中成像。

透射电子显微镜中像的形成可理解为光学透镜成像,即具有一定波长的电子束入射到晶面间距为 d 的晶体时,在满足布拉格条件:$2d\sin\theta = \lambda$ 的特定角度 2θ 处产生衍射波。这个衍射波在物镜的后焦面上汇聚成一点,形成衍射斑点,进而得到电子衍射图。

在透射电子显微镜中,通过改变电磁透镜电流的大小改变透镜的焦距,达到观察电子显微图像和衍射花样信息。这样,利用这两种观察模式就能很好地获得这两类信息。对于电子衍射花样的观察,先观察电子显微图像,将选区光阑插入到感兴趣的区域,之后调解电磁透镜电流大小,就能获得该区域的衍射花样,这就是选区电子衍射方法。利用这个方法能获得细微组织的衍射花样,从而得到该区域的晶体结构和晶体取向关系。另一方面,观察电子显微图像时,先观察衍射花样,将光阑插入物镜的后焦面,在电子衍射花样中选择感兴趣的衍射波,之后调解透镜就能得到电子显微像。这样,就能有效地识别夹杂物和观察晶格缺陷。用物镜光阑选择透射波观察电子显微像的情况称为明场方法,观察到的像叫明场像;用物镜光阑选择一个衍射波观察电子显微像的情况称为暗场方法,观察到的像叫暗场像。

【实验步骤与要求】

(1) 了解电镜面板及操作台上各个钮的位置和作用,如图 9.5 所示。

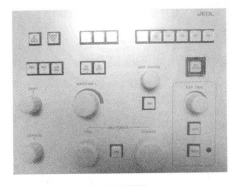
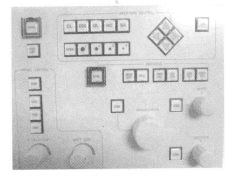

(a) 左控制面板   (b) 右控制面板

图 9.5 左右控制面板照片

(2) 检查电镜真空、循环水、气压等参数是否正常。

(3) 给液氮冷阱加入液氮,待稳定后,加满,盖上塞子。

(4) 加高压,具体步骤如下:

① 点击"HT ON",高压自动升到 120 kV。

② 程序升高压,Target HT 160 kV,间隔 0.1 kV,1s,约 6.7 min,点击"START"。

③ 程序升高压,Target HT 180 kV,间隔 0.1 kV,2s,约 13.4 min,点击

"START"。

④ 程序升高压, Target HT 200 kV, 间隔 0.1 kV, 3s, 约 20.1 min, 点击 "START"。

（5）根据实验要求选定试样台（单倾或双倾），将观察试样小心装上试样台。插入试样台, 前检查主机工作参数显示屏上试样台的参数条件, 选定参数后, 插入试样台进行预抽真空, 等待绿灯亮后过 5 min, 完全插入试样台, 再过 2 min 后, 加灯丝电流。

（6）开灯丝：电脑屏幕上显示 HT ON, Filament Ready 状态下, 点击 "Filament ON"。

（7）常规合轴方法。

① 照明系统合轴。

Ⅰ. 加聚光镜光阑（最上面的光阑）。40 k 倍下, 按 "Brightness" 钮使光斑汇聚至最小后, 用 "Shift X/Y" 将光斑移至荧光屏中心, 把光斑散开至满屏；加 1 号聚光镜光阑, 手动调节聚光镜光阑, 使光阑边与大荧光屏相切。顺时针和逆时针旋转 "Brightness" 钮, 使放大和缩小光斑时光斑中心都在荧光屏中心的小黑点处。一般情况是加 1 号聚光镜光阑。

Ⅱ. 调灯丝像。40 k 倍下, 将光斑缩至最小, 升偏压 Bias, 同时降低灯丝饱和度（Filament Down）至 52%～58% 时出现灯丝阴影（注意：JEM-2100 发射电流比暗电流大 5～10 μA）, 结合偏压调出梅花状灯丝像, 升高灯丝饱和度, 降偏压至灯丝像消失。

Ⅲ. 光斑 1-5 合轴。按 "Brightness" 钮调节光斑的大小至 10 cm 左右, 观察光斑位置。旋转 "Spot Size" 钮, 当光斑为 1 号时按 "F4" 键, 调整 "Shift X/Y" 旋钮, 使光斑在荧光屏中心；当光斑为 5 号时按 "Bright Tilt" 键, 调整 "Shift X/Y" 旋钮, 使光斑在荧光屏中心。反复调整直至光斑从 1 号到 5 号切换时基本都在荧光屏中心（平时习惯用哪号光斑就切换到该光斑。一般使用 Spot 1, Alpha 3）。

Ⅳ. 聚光镜消像散。按 "Cond Stig" 键, 调整 "Def X/Y" 旋钮, 使光斑消成正圆, 然后散开光斑, 保证顺时针和逆时针旋转 "Brightness" 钮时, 光斑同心放大和收缩（若光斑不在荧光屏中心, 可随时调整 "Shift X/Y" 旋钮使其回到荧光屏中心）。

Ⅴ. 联动比。调联动比的意思是平移和倾斜没有关系, 保证平移电子束光斑位置时亮度不发生变化。可调 Tilt 联动比、Shift 联动比和 Angle 联动比, 但 Shift 联动比和 Angle 联动比相对难调, 一般由仪器工程师调节。我们只调 Tilt 联动比。

点击 "Maintenance-Alignment" 对话框中 "Wobbler" 里面的 "Tilt X", 点击 "Compensator" 里面的 "Tilt", 光斑缩到最小, 可看到光点在摆动, 旋转左手边的 "Def X" 到光点不再摆动为止。再点击 "Wobbler" 里面的 "Tilt Y", 点击 "Compensator" 里面的 "Tilt", 光斑缩到最小, 可看到光点在摆动, 旋转右手边的 "Def Y" 到光点不再摆动为止。

② 成像系统合轴(随时调节 Beam,样品高度和高、低倍镜下的 HT)。

Ⅰ.聚焦:调样品高度。放进样品后按"Std Focus"钮,之后按"Image Wobb X/Y"键使图像颤动,调整样品高度(按"Z"键),使图像停止颤动或图像反差最小(正焦)。如果希望 Z 值变化较快,图像颤动变化明显,则可通过调节软件一个绿箭头变为三个绿箭头来实现。

调节样品高度的另外一种方法是将光斑缩到最小,然后看是否有光晕,如果有光晕,则可按 Z 键调节样品高度使光点成为一个小点,不再有光晕产生为止。也可不按"Image Wobb X/Y"键,直接调样品高度至正焦,使反差最小。

Ⅱ.电压中心(>100 K)。找到一标志物,放大到 100 k 倍以上粗调聚焦后,按"HT Wobb"键;按下"Bright Tilt"键后,调整"Def X/Y"旋钮,使该标志物同心放大和收缩(可在目镜下观察)。再按下"HT Wobb"键,使图像停止颤动(标志物最好找一个圆形或半圆形的东西,光斑散开,尽量暗,高倍下,特别是拍高分辨像时最好要调节该倍数下的 HT)。

Ⅲ.加物镜光阑(反差光阑)。在低倍下直接加物镜光阑,在高倍图像模式下,直接加物镜光阑可能偏的比较远。这种情况下需要在 SA Diff 模式下加物镜光阑,具体方法如下:在 SA Diff 模式下,根据所需反差选择加入 1、2、3 或 4 号物镜光阑。先用"Diff Focus"键将光阑边聚焦清晰,再调"Brightness"按钮使中心透射斑最小;然后手动调整物镜光阑将中心透射斑套正。切回到 MAG 模式。1 号光阑反差最小,4 号光阑反差最大。如果衍射光斑不在荧光屏中间,按"Pla"键(投影镜合轴),选择多功能键"Def X/Y",将光斑移至荧光屏中心,再将物镜光阑套正。如果发现中间透射斑不圆,可在"Maintenance Alignment-Def Select-IL STG"或"F5"键状态下,调节中间镜消像散,用"Def X/Y"多功能键调至透射斑点为圆点,然后切换回 Mag1 模式。

Ⅳ.物镜消像散(>100 K)。不论是否加物镜光阑,都必须消物镜像散。物镜消像散时最好结合 CCD 相机和傅里叶变化图来调节。一般选择非晶区域(也可不用框选择区域,直接到非晶区),旋转"Obj Focus"旋钮使图像反差最小(正焦)。按"Obj Stig"键后调整"Def X/Y"旋钮,使傅里叶变化图上的非晶圆为无畸变的正圆,此时颗粒最清晰(过焦或欠焦时没有正焦的像散)。此步骤可在 CCD 上调,按F1 翻屏,然后点击"Start View",在 CCD 上可看到样品图像。选择非晶的碳膜,取图像(按"Alt+方框"),点击软件上的"Live-FFT"变换,参照 FFT 上的图像调节"Obj Focus+Def X/Y"旋钮进行消圆。

(8)通过滚动球调节样品位置,改变合适的放大倍数、焦距等参数,观察样品的形貌。

【思考题】

(1)透射电镜主要由几大系统构成?

　（2）照明系统如何调节？它应满足什么要求？

　（3）成像系统的主要构成是什么？如何调节？

　（4）说明成像操作与衍射操作时各级透镜（像平面与物平面）之间的相对位置关系，并画出光路图。

实验十　透射电镜试样制备与操作

【实验目的】

(1) 了解透射电镜试样的常用制备方法。

(2) 认识几种样品制备的常用设备。

(3) 学会粉末样品、薄膜样品的制备方法。

【实验仪器】

超声圆片切割机(Gatan 601)、精密离子减薄仪(Gatan 695)。

【实验原理】

透射电子显微镜成像时,电子束是透过样品成像。由于电子束的穿透能力比较低,用于透射电子显微镜分析的样品必须很薄。样品的原子序数大小不同,一般样品厚度在 50～500 nm 之间。如果要进行高分辨显微分析,则要求薄区的厚度更小。除此之外,由于物镜的上下极靴距离很短,使得透射电镜样品室很小,样品台所能放下的样品一般是 φ3 mm。透射电镜样品的制备在材料的电子显微学研究中起着非常重要的作用,常见的透射电镜样品包括粉末样品、薄膜样品、复型萃取样品、横截面样品,下面分别予以介绍。

一、粉末样品的制备

透射电镜可以观察纳米级的颗粒,大于 1 μm 的颗粒必须经过研磨,成为纳米颗粒后方可用于透射电镜观察。其常用方法如下:将少量粉末分散在无水乙醇溶液或其他溶剂中,用超声波震荡均匀后滴在碳膜或微栅上,如图 10.1 所示,待干燥后直接进行透射电镜观察。粉末样品的制备相对简单,但要注意对溶液浓度的控制,浓度过大会造成团聚,从而影响观察,一般稀释至溶液略透明即可(部分样品颜色较深,如 C 粉,颜色可稍深些)。

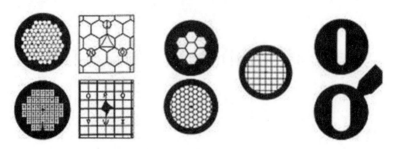

图 10.1　不同规格的微栅网

二、薄膜样品的制备

将块体样品制备成薄膜样品,其实是一个简单的材料加工成型的过程,在制样时要充分考虑材料自身的力学性能特点。材料大致可分为脆性材料和塑性材料两类。脆性材料如常见的陶瓷、半导体等无机非金属材料,其特点是在磨到较薄时容易开裂,因此磨样时用力要轻,可以用超声波圆片切割机获得 $\phi 3$ mm 的圆片。脆性块体样品制样的大致流程可分为以下四步:超声切割-单面抛光-凹坑-离子减薄。一般首先将脆性样品进行超声切割,获得 $\phi 3$ mm 的圆片,单面抛光后;再使用手动研磨盘将样品研磨至 80 μm,把样品用热熔蜡粘在凹坑仪上进行凹坑,并分别用 6 μm、3 μm、0.05 μm 磨料进行研磨、抛光;最后将样品用离子减薄仪进行离子减薄处理。对于塑性样品,其具有良好的延展性,可以手动磨到较薄,也可以用冲压器获得 $\phi 3$ mm 圆片(但不能用超声切割)。具体操作是:先用砂纸研磨到 40~100 μm;然后直接用冲压器得到 $\phi 3$ mm 圆片。如果样品足够薄,可以直接进行离子减薄。如果样品仍然比较厚,也可以用凹坑仪进行凹坑,步骤同脆性样品的制备过程。

图 10.2　601 型超声切割机

1. 超声切割

使用超声切割机,如图 10.2 所示,获得 $\phi 3$ mm 的圆片,适用于陶瓷、半导体等无机非金属脆性材料。

2. 机械研磨

机械研磨可以将上述制备的薄块用胶粘在一块平行度较好的金属块上,用手把平,在抛光机的水磨砂纸上注水研磨,使其厚度小于 30 μm。

3. 离子减薄

离子减薄仪用于 TEM 样品经机械抛光后的最终减薄,获得电子束透明的观察区域,如图10.3所示。实际上,离子减薄就是在电场作用下,氩气被电离成带 Ar^+ 的氩离子,带着一定能量的氩离子从阳极飞向阴极通过阴极孔,打在接地的样品表面,使样品表面溅射,从而达到减薄样品的目的。经氩离子减薄的样品可在 TEM 下直接观察。离子减薄仪的优点是样品质量好,使用范围广,缺点是时间长。影响离子减薄仪样品制备的几个因素有:离子束电压、离子束电流、离子束的入射角、真空度、样品的种类、样品的微结构特点、样品的初始表面条件、样品的初始厚度、样品的安装等。

图 10.3　695 型离子减薄仪

三、复型样品制备

使用复型样品制备方法主要是早期透射电子显微镜的制造水平有限和制样水平不高,难以对实际样品进行直接观察分析。近年来,扫描电镜显微镜分析技术和金属薄膜技术发展很快,复型技术几乎被上述两种分析方法所代替。但是,用复型方法观察断口比扫描电镜的断口清晰,并且复型金相组织和光学金相组织之间相似,致使复型电镜分析技术至今为人们所采用。复型技术分为一级复型、二级复型、萃取复型。

1. 一级复型法

在已制备好的金相样品或断口样品上,滴上几滴体积浓度为 1% 的火棉胶醋酸戊酯溶液或醋酸纤维素丙酮溶液,溶液在样品表面展平,多余的溶液用滤纸吸掉,待溶剂蒸发后样品表面即留下一层 100 nm 左右的塑料薄膜。把这层塑料薄膜小心地从样品表面揭下来就是塑料一级复型样品,如图 10.4 所示。但塑料一级复型因其塑料分子较大,分辨率较低,使得在电子束照射下易发生分解和破裂。另一种复型是碳一级复型,它是直接把表面清洁的金相样品放入真空镀膜装置中,在垂直方向上向样品表面蒸镀一层厚度为数十纳米的碳膜。把喷有碳膜的样品用小刀划成对角线小于 3 mm 的小方块,然后把样品放入配好的分离液中进行电解或化学分离,如图 10.5 所示。碳膜剥离后也必须清洗,然后才能进行观察分析。碳一级复型的特点是在电子束照射下不易发生分解和破裂,分辨率可比塑料复型高一个数量级,但制备碳一级复型时,样品易遭到破坏。

2. 二级复型法

二级复型是目前应用最广的一种复型方法。它是先制成中间复型(一次复型),然后在中间复型上进行第二次碳复型,再把中间复型溶去,最后得到的是第二次复型。塑料-碳二级复型可以将两种一级复型的优点结合,同时克服各自的缺点。二级复型的优点是:制备复型时,不破坏样品的原始表面;最终复型是带有重金属投影的碳膜,其稳定性和导电导热性都很好,在电子束照射下不易发生分解和破裂;其分辨率和塑料一级复型相当。

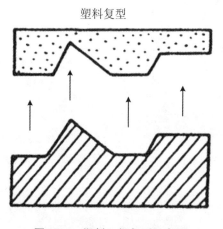

图 10.4　塑料一级复型示意图

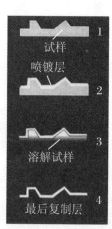

图 10.5　碳一级复型示意图

3. 萃取复型

在需要对第二相粒子形状、大小和分布进行分析的同时对第二相粒子进行物相及晶体结构分析时,常采用萃取复型的方法。该方法和碳一级复型类似,只是金相样品在腐蚀时应进行深腐蚀,使第二相粒子容易从基体上剥离。此外,进行喷镀碳膜时,厚度应稍厚,以便把第二相粒子包络起来。

四、截面样品的制备

根据不同的测试需求,薄膜样品的制备分为平面样品和截面样品。观察平面样品的膜面,从衬底一侧进行单面研磨、抛光及离子减薄,其样品制备与一般块体的制样流程相同。截面样品常见于观察薄膜纵截面的微观结构(如薄膜厚度、各层之间界面等)。其制备较平面样品复杂,操作要求更为精细。截面样品制备的第一步是样品和辅助硅片的对粘,以获得厚度 3 mm 左右(透射电镜样品台的直径)的圆片,其余步骤按照块体样品的制备即可。

【实验步骤与要求】

一、粉末样品的制备

（1）将少量粉末分散在无水乙醇溶液或其他溶剂中，用超声波分散 15～30 min。
（2）分散后的溶液用移液枪滴在碳膜或微栅上。
（3）待溶液干燥后直接进行透射电镜观察。

二、薄膜样品的制备

1. 超声切割

（1）将样品台放置在加热台上，加一些石蜡使其溶解，溶解的蜡上放置载玻片。

（2）在载玻片上加一些石蜡，将样品放置在载玻片上，将样品台移下加热台，冷却至室温。

（3）平缓地将切割工具落到载玻片上，旋转刻度表盘，直到指针调整到零。

（4）升起切割工具，将样品定位在下方，然后将切割工具降在样品表面；刻度表盘能够显示样品和载玻片上蜡层的总厚度读数。

（5）把磁性台和样品台通过两个定位钉安装在专用显微镜上，通过移动样品台把需要切割的部位对中；在圆片切割机上放置磁性台和样品台，确认磁性台通过两个定位钉安装在圆片切割机的底座上。

（6）使用切割颗粒和水制作泥浆，落下切割工具到泥浆中直到底部弹簧活动台开始下降；活动台的下降是通过后面的水平刻度盘读出的，使水平刻度盘中的刻度线在中心记号的下面，如果刻度表盘已经调零，读数会显示出样品和石蜡的总厚度。

（7）打开圆片切割机，调节频率旋钮进行切割，通过观察刻度表盘来注意切割的进程。注意：频率调节旋钮一般放在刻度"5"左右，但是需要做微调，直到刻度表盘指针开始顺时针旋转为止；当切割头切透样品，开始切割石蜡或玻璃的时候，通常能够通过频率声音的变化判断出样品是否切割完毕。

（8）当刻度表盘的指针经过零点时，关掉电源开关，升高切割工具，整理仪器。

2. 单面抛光

单面抛光的主要目的是使用手动研磨盘把 $\phi 3$ mm 圆片的其中一面研磨后，再抛光。如果是硅片等单面减薄的样品，则不需要这一步。

3. 离子减薄

离子减薄仪的操作如下：

（1）确认氩气钢瓶减压阀为 0.18 MPa，打开 PIPS 的中〔　〕下主电源开关的上部,隔膜泵(DP)和分子泵(MDP)开始工作,面板左侧的数字显示灯会亮起来;真空达到 12 Torr 前,DP 的高指示灯亮;约 15 min 后,绿色的 MDP 指示灯亮。

(2) 样品室(Work chamber)的压力可从指针表上读出,当样品室压力 $<$ $5×10^{-3}$ Torr 后,打开双枪的气阀开关;冲洗离子枪。反时针旋转气流控制键"Ion Gun Flow Control"1 周,增加气体流量,数分钟冲洗。

(3) 检查样品座(Specimen mount):如果样品座在下降的位置(样品室内),按气锁控制开关"Air Lock Control"的上部,升起样品座。

(4) 检查预抽室(Airlock chamber):如果"VENT"键的 LED 是亮的,说明预抽室是在放气状态;需要将其抽真空,按下"VAC"键同时稍稍转动预抽室的盖子,确保垫圈的正常位置。当样品室压力 $<5×10^{-4}$ Torr 后(气阀关闭时),才可以正常工作。

(5) 先将样品固定在样品座上,注意将样品待减薄区域调整至中心;如果是截面样品,粘接线须与夹具平行;确认样品座在升起的位置;否则,按气锁控制开关的上部,升起样品座。注意:样品座不会立即升起,而是等样品台转回原始位置后才升起;"Rotation Speed"旋钮不能处于 OFF 位置,否则样品座无法升起。

(6) 按"VENT"键对预抽室破真空;放气后,可移预抽室的盖子;安装样品台时可用一把特殊的弯镊子帮助完成此步。注意:放样品台时,要把它旋转到合适的最低位置,样品台的高度对离子束的对中是很重要的。

(7)按"VAC"键对预抽室抽真空,直至 LED 灯亮起变绿;按气锁控制开关的下部,降下样品座。注意:"Rotation Speed"旋钮不能处于 OFF 位置,否则样品座不能降下。

(8) 设定"Ion Beam Modulator"开关:如果是 DuoPost 样品台,开关不能处于 OFF 位置。设定左右离子枪的减薄角度:如果单面减薄,两个枪的 TOP 位置都向上;如果双面减薄,可将一支离子枪用正角度,另一支离子枪用负角度。

(9) 设定样品台旋转速度(Rotation Speed):一般放在 3 左右。设定离子枪电压:调节"Ion Gun"钮至所需的电压(kV);打开左右离子枪的气流控制键。

(10) 将 CCD 的显微镜调整到减薄样品室上方,开顶部灯或底部透射灯,可观察样品。

(11) 用白色箭头键"Time Select"设定减薄时间后,按"Start/Stop"键开始减薄;减薄结束后,确认"Rotation Speed"旋钮不能处于 OFF 位置,按气锁控制开关的上部升起样品座。

(12) 直到看到样品座完全升起后,才可按"VENT"键更换样品。

【思考题】

(1) 块状样品制成透射电镜用样品,基本操作包含哪些?

(2) 离子减薄仪在薄膜样品制备中具有哪些优势? 如何操作?

实验十一　选区电子衍射及相机常数的测定

【实验目的】

(1) 了解电子衍射的基本原理。

(2) 掌握选区电子衍射的操作方法。

(3) 学会测定相机常数。

【实验仪器】

JEM-2100(UHR)型透射电子显微镜。

【实验原理】

透射电子显微镜的最主要特点是既可以进行形貌观察又可以做电子衍射分析,在同一台仪器上把这两种方法结合起来可使组织结构分析的实验过程大大简化。电子衍射已成为当今研究物质微观结构的重要手段,是电子显微学的重要分支。电子显微镜物镜背焦面上的衍射像常称为电子衍射花样。电子衍射作为一种独特的结构分析方法,在材料科学中得到广泛应用,如物相分析和结构分析,确定晶体位向,确定晶体缺陷的结构及其晶体学特征等。

一、选区电子衍射原理

电子衍射的原理和 X 射线衍射相似,是以满足(或基本满足)布拉格方程作为产生衍射的必要条件。两种衍射技术得到的衍射花样在几何特征上也大致相似:多晶体的电子衍射花样是一系列不同半径的同心圆环,单晶衍射花样由排列整齐的斑点所组成,而非晶体物质的衍射花样只有一个漫散的中心斑点。但是,由于电子波有其本身的特性,电子衍射和 X 射线衍射比较时,具有以下不同的方面:

(1) 电子波的波长比 X 射线短得多,在同样满足布拉格条件时,它的衍射角 θ 很小,约为 10^{-2} rad。而 X 射线产生衍射时,其衍射角最大可接近 $\pi/2$。

(2) 在进行电子衍射操作时采用薄晶样品,薄样品的倒易阵点会沿着样品厚度方向延伸成杆状,因此,增加了倒易阵点和爱瓦尔德球相交截的机会,结果使略为偏离布格条件的电子束也能发生衍射。

(3) 电子波的波长短,采用爱瓦德球图解时,反射球的半径很大,球面可以近似地看成平面,从而可以认为电子衍射产生的衍射斑点大致分布在一个二维倒易截面内。电子衍射使晶体产生的衍射花样能比较直观地反映晶体内各晶面的位向,给分析带来不少方便。

(4) 原子对电子的散射能力远高于对 X 射线的散射能力(约高出四个数量级),故电子衍射束的强度较大,摄取衍射花样时曝光时间仅需数秒。

选区电子衍射是指在物镜像平面上插入选区光阑套取感兴趣的区域进行衍射分析的方法。其工作原理如图 11.1 所示。

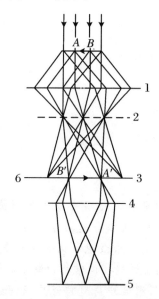

图 11.1　选区电子衍射原理

注:1.物镜;2.背焦面;3.选区光阑;4.中间镜;5.中间镜像平面;6.物镜像平面

为了减少选区误差,必须使物镜像平面、选区光阑、中间镜物平面严格共面(图像和光阑孔边缘都清晰聚焦)。否则所选区域发生偏差,而使衍射斑点不能和图像一一对应。选区光阑装在物镜像平面上,其直径在 $20\sim300~\mu m$。由于选区衍射所选的区域很小,能在晶粒十分细小的多晶体样品中选取单个晶粒进行分析,一般电子显微镜可以进行分析的最小区域直径为 $0.5~\mu m$。实际上,选区光阑并不能完全挡掉光阑以外物相的衍射线。这样选区和衍射像不能完全对应,有一定误差。它起因于物镜有球差和像的聚集误差。严重时,实际衍射区甚至不是光阑所选微区,以致衍射像和微区像来自两个不同部位,造成分析错误。

二、相机常数的测定原理

电子衍射操作是把倒易点阵的图像进行空间转换并在正空间中记录下来,用底片记录下来的图像称之为衍射花样。电子衍射基本公式为 $Rd = L\lambda$。其中 $L\lambda$ 称为电子衍射的相机常数,而 L 称为相机长度,R 是衍射谱上透射斑到某衍射斑的距离,d 为该衍射斑对应晶面的面间距。

由衍射花样推测未知晶体结构,或由衍射花样确定已知晶体结构的位向时,需要在已知 $L\lambda$ 值的前提下,根据衍射谱上一系列 R 值,找出对应的 d 值,为此必须对该谱的 $L\lambda$ 值进行确定。$L\lambda$ 值可以由相同条件下拍摄的已知晶体的多晶粉末的衍射谱进行测定。

【实验步骤与要求】

一、选区电子衍射

完成电镜的合轴调整后进行如下的操作步骤:

(1)将电镜置于 SA Diff 模式,插入并对中物镜光阑。

(2)将电镜置于 SA Mag 模式,调整合适的放大倍率,移动样品,选择试样上感兴趣的区域并将其移至荧光屏中心,用 Z 轴控制钮粗聚焦感兴趣区域,用物镜聚焦钮(Obj Focus)细聚焦感兴趣区域(备注:Obj Focus 的作用是在 Mag1、Mag2、SA Mag 模式下改变物镜电流,在 Low Mag 模式下改变物镜小透镜)。

(3)插入并选择大小合适的选区光阑,调整光阑对中钮,使光阑孔刚好套住所选区域,抽出物镜光阑,再次将电镜置于 SA Diff 模式,在荧光屏上得到衍射谱的放大像。根据衍射斑点的疏密,用"Mag/Cam L"钮选择合适的相机长度。调整投影镜对中旋钮(选择菜单"Maintenance"→"Alignment"→"PLA",调节"Shift X/Y",使电子衍射花样的中心斑在荧光屏中心。

(4)倾转样品台获得该区域理想的衍射花样。

(5)再将电镜置于 SA Mag 模式,调整中间镜电流(Diff Focus),使选区光阑像的边缘在荧光屏上非常清晰,这就使中间镜的物平面与选区光阑平面重合。

(6)用 Z 轴控制钮粗聚焦该感兴趣区,再用物镜聚焦钮(Obj Focus)细聚焦该感兴趣区,使其图像清晰,这就使物镜的像平面和选区光阑及中间镜的物面重合。

(7)再将电镜置于 SA Diff 模式,调整"Brightness"发散电子束,以减小入射电子束的孔径半角,得到更趋近于平行的电子束且衍射斑点具有合适的亮度,最后稍微调整中间镜的电流(Diff Focus),使衍射谱的中心斑变得最小、最圆。

(8)拍摄电子衍射谱。选择合适的曝光时间,获取电子衍射谱。若衍射谱斑点太密,可以通过调节中间镜电流调节钮改变相机常数。单晶、多晶、非晶衍射花样大致如图 11.2 所示。

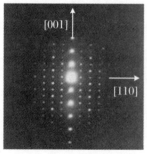

(a) 单晶衍射花样

(b) 多晶衍射花样

(c) 非晶衍射花样

图 11.2　单晶、多晶、非晶衍射花样

二、相机常数测定方法

(1) 在 200 kV 加速电压下拍摄金的衍射环,如图 11.3 所示。

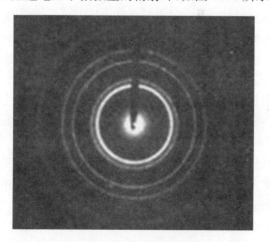

图 11.3　多晶金膜衍射花样

(2) 从里向外测得各环直径,单位为 mm。

(3) 已知金为面心立方晶体,从内到外的晶面指数分别是(111)、(200)、(220)、(311),且晶面间距已知。

(4) 由 $Rd = L\lambda$,分别计算 R、d 值。

(5) 取平均值,即为相机常数。

【思考题】

(1) 画图说明电子衍射花样的形成原理。

(2) 分析影响相机常数的各种因素。

第三章 能谱与光谱分析

实验十二 X射线能谱分析方法与应用

【实验目的】

(1) 了解能谱仪的结构及工作原理。

(2) 结合实例,熟悉能谱仪的分析方法与应用。

(3) 学会正确选用微区成分分析方法及其分析参数的选择。

【实验仪器】

JSM-6610 型扫描电子显微镜;OXFORD X-act 能谱仪。

【实验原理】

能谱仪全称为 X 射线能量色散谱仪(Energy Dispersive Spectrometer,EDS),利用特征 X 射线能量不同来展谱。能谱仪是分析电子显微学中广泛使用的最基本、可靠且重要的成分分析仪器。它通常与显微分析相结合,特别适用于分析试样中微小区域的化学成分,是研究材料组织结构和元素分布状态的极为有用的分析方法。

一、能谱仪的结构

能谱仪的结构原理图如图 12.1 所示,由半导体探测器、前置放大器和多道脉冲分析器组成。

能谱仪是利用 X 射线光子的能量来进行元素分析的。X 射线光子由锂漂移硅 Si(Li)探测器接收后给出电脉冲信号,该信号的幅度随 X 射线光子的能量不同而不同。脉冲信号再经放大器放大整形后,送入多道脉冲高度分析器,然后根据 X 射线光子的能量和强度区分样品的种类和高度。

为了使 Si 中的 Li 稳定和降低效应管的热噪声,平时和测量时都必须用液氮冷

却 EDS 探测器。保护探测器的探测窗口有两类,其特性和使用方法各不相同,具体介绍如下:

(1) 铍窗口型(Beryllium Window Type)。用厚度为 8～10 μm 的铍薄膜制作窗口来保持探测器的真空,这种探测器使用起来比较容易。但是,由于铍薄膜对低能 X 射线的吸收,因此不能分析比 Na($Z=11$)轻的元素。

(2) 超薄窗口型(Ultra Thin Window Type,UTW Type)。该窗口是沉积了铝,厚度为 0.3～0.5 μm 的有机膜,它吸收 X 射线少,可以测量 C($Z=6$)以上的比较轻的元素。但是,采用这种窗口时,探测器的真空保持不太好,所以,使用时要多加小心。目前,对轻元素探测灵敏度很高的这种类型的探测器已被广泛使用。

(3) 此外,还有去掉探测器窗口的无窗口型(Windowless Type)探测器,它可以探测 B($Z=5$)以上的元素。但是,为了避免背散射电子对探测器的损伤,通常将这种无窗口型的探测器用于扫描电子显微镜等采用低速电压的情况。

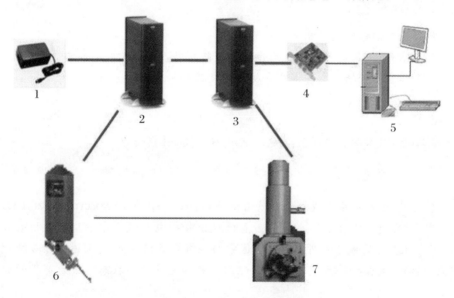

图 12.1　能谱仪的组成示意图

1. 电源;2. X-stream 控制器;3. Mics 控制器;4. 计算机内 PCI 卡;5. 计算机;6. 探测器;7. 电镜

二、能谱仪的主要性能指标

(1) 分析的元素范围:能谱仪的分析元素范围为 B～U。

(2) 能谱仪的分辨率:能谱仪的分辨率是指分开或者识别相邻两个谱峰(即两条谱线)的能力,它可以用波长色散谱或能量色散谱的谱峰宽,即谱峰最大高度的宽度 $\Delta\lambda$、ΔE 来衡量,也可以用 $\Delta\lambda/\lambda$、$\Delta E/E$ 的百分含量来衡量。半高峰越小,表示能谱仪的分辨率越高;半高宽越大,表示能谱仪的分辨率越低。目前,能谱仪的分辨率在 132 eV 左右。

（3）探测极限：能谱仪能探测出的元素最小浓度百分比称为探测极限，它与分析元素的种类、样品成分、所用谱仪以及实验条件有关。能谱仪的探测极限为 $0.1\% \sim 0.5\%$。

（4）分析速度：能谱仪分析速度快，几分钟内就能把试样的全部元素分析出来。

三、X 射线能谱仪工作的基本原理

X 射线能谱仪为扫描电镜附件，其原理为电子枪发射的高能电子由电子光学系统中的两级电磁透镜聚焦成很细的电子束来激发样品室中的样品，从而产生背散射电子、二次电子、俄歇电子、吸收电子、透射电子、X 射线和阴极荧光等多种信息（电子束与样品的相互作用所产生的各种信息）。若 X 射线光子由 Si(Li) 探测器接收后给出电脉冲讯号，则由于 X 射线光子能量不同（对某一元素，能量为一不变量），其经过放大整形后，送入多道脉冲分析器，通过显像管就可以观察到按照特征 X 射线能量展开的图谱。一定能量上的图谱表示一定元素，图谱上峰的高低反映样品中元素的含量（量子的数目），这就是 X 射线能谱仪的基本原理。

四、能谱仪的类型

能谱仪按照探头的位置、数量配置，可以分为斜插式、平插式、多探头等。

五、X 射线能谱分析方法

X 射线能谱分析方法有定点分析、线扫描分析和面扫描分析。

（1）定点分析，即对样品表面选定微区作定点的全谱扫描，进行定性或半定量分析，并对其所含元素的质量分数进行定量分析。

（2）线扫描分析，即电子束沿样品表面选定的直线轨迹进行所含元素质量分数的定性或半定量分析。

（3）面扫描分析，即电子束在样品表面作光栅式面扫描，以特定元素的 X 射线的信号强度调制阴极射线管荧光屏的亮度，并获得该元素质量分数分布的扫描图像。

【实验步骤与要求】

一、样品的前期处理和扫描电子显微镜调整

（1）为了得到较精确的定性或定量分析结果，应该对样品进行适当的处理，尽

量使样品表面平整、光洁和导电。样品表面不要有油污或其他腐蚀性物质,以免真空下这些物质挥发到电镜和探头上,损坏仪器。

(2) 调整扫描电子显微镜的状态,使 X 射线 EDS 探测器以最佳的立体角接收样品表面激发出的特征 X 射线。

① 调整电镜加速电压,一般选择最高谱峰能量数值的 1.5 倍。例如,不锈钢样品最高峰在 9 keV 左右,因此选用 15 kV 较为合适。

② 调整工作距离、样品台倾斜角度以及探测器臂长。一般情况下,出射角为 30°左右。

③ 调整电子束对中和束斑尺寸,使输入计数率达到最佳。例如,金属样品一般应在 1 000~3 000 范围。

(3) 定性和定量分析结果是扫描电镜样品室里样品表面区域元素的摩尔分数和质量分数。放大倍数越大,作用样品区域越小。要正确选择作用区域,才有可能得到正确的结果。

二、能谱仪的基本操作

1. 开机顺序

(1) 打开主电源开关。

(2) 启动电脑,与之相连的 Mics 控制器将自动开启(正常启动后,Mics 控制器亮绿灯)。

(3) 打开 X-stream 控制器背后电源开关至"1"的位置(正常启动后 X-stream 控制器亮绿灯)。

(4) 进行软件操作。一般来说,系统开启 15 min 后进入稳定工作状态。

其中,第(2)和第(3)步没有严格的次序要求。

2. 关机顺序

(1) 退出 INCA 软件。

(2) 关电脑,Mics 控制器将自动关闭。

(3) 关 X-stream 控制器背后电源开关至"0"的位置。

(4) 关主电源。

其中,第(2)和第(3)步没有严格的次序要求。

三、仪器的安全注意事项

(1) 不要用手或其他东西去触碰窗口,不论是铍窗还是高分子超薄窗口,都是很易破碎的。

(2) 不要企图自己清洗窗口,如果要清洗,一定要征询专业技术人员的支持。

（3）不要摇动探头。

（4）在使用中要避免样品或样品台碰到探头上。

（5）不要用任何热冲击、压缩空气或者腐蚀性的东西接触窗口。

（6）铍是一种剧毒物，而且很脆，因此千万不要用手或者皮肤去碰铍窗。

（7）如果探头使用液氮，不要使液氮罐中无液氮；再灌入液氮后不能马上开机，一定要等4 h以后才能开启能谱仪电源。为了避免液氮罐中结冰，不要等液氮快用完了才灌新的液氮，一般一星期灌2次较好。

【思考题】

（1）简要说明能谱仪的工作原理。

（2）简述能谱仪在材料科学中的应用。

（3）X射线能谱仪进行成分分析时，一般有几种工作方式？

实验十三　紫外可见分光光度计原理与使用

【实验目的】

（1）了解紫外可见分光光度计的结构。

（2）了解紫外可见分光光度计的工作原理。

（3）学会紫外可见分光光度计的使用和数据分析。

【实验仪器】

Lambda 950 紫外/可见/近红外分光光度计。

【实验原理】

紫外可见近红外分光光度计主要用来测量物质对波长从紫外、可见到近红外波段区间范围的光吸收，从而为研究物质内部电子或分子结构提供重要信息。

一、理论基础

物质中的电子总是处于某一种运动状态中，每一种状态都对应一种能级。当电子受到光激发时，可吸收能量发生从低能级到高能级的电子跃迁。由于电子能级一般比较复杂，不同能级间的跃迁对应不同波长的光吸收，这种光吸收强度随激发光波长的变化关系称为吸收光谱，以波长为横坐标、吸光度为纵坐标绘出的曲线称为吸收曲线。

根据物质种类的不同，有气体、液体和固体三大类吸收光谱。气体和液体主要由分子构成，形成的是分子吸收光谱。由于不同物质具有不同的分子、原子种类及空间结构，因而每种物质也具有其特有、固定的吸收光谱。根据分子吸收光谱的特征、吸收峰的位置及高低就可判断物质及测定该物质的含量。固体材料由于电子能带的存在，一般光激发主要发生在电子从价带跃迁到导带的过程，谱线一般较宽，且吸收带边较显著。固体材料的吸收光谱可通过漫反射法或透射法测定。

（一）液体吸收光谱

1. 吸光度

物质对光的吸收强度可用吸光度来表示，它是指光线通过物质前的入射光强度与该光线通过物质后的透射光强度比值并以 10 为底的对数，通常用 A 表示，即

$$A = \lg \frac{I_0}{I}$$

式中，I_0 为入射光强度，I 为透射光强度。

吸光度是表示物质对光吸收程度的一个物理量，影响它的因素有溶剂、浓度、温度、光程等。

2. 透射率

如图 13.1 所示，一束强度为 I_0 的入射光，经过厚度为 l 的溶液介质后的透射光强为 I，由于介质存在光吸收，所以 $I < I_0$。透射光强度与入射光强度之比称为透射率，用 T 表示，即

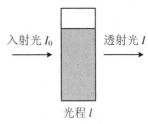

图 13.1　透射率示意图

$$T = \frac{I}{I_0} \times 100\%$$

由此可见，透射率与吸光度之间的关系为

$$A = \lg \frac{1}{T}$$

3. 朗伯-比尔定律（Lambert-Beer Law）

朗伯（Lambert）和比尔（Beer）分别在 1760 年和 1852 年研究了溶液吸光度与溶液层厚度和溶液浓度之间的关系，发现当入射光的波长一定时，溶液的吸光度 A 与溶液浓度和层厚度成正比，即

$$A = kcl$$

式中，k 为比例系数，与溶液的性质、温度及入射光波长等有关；c 为溶液浓度；l 为液层厚度，即光程。

4. 吸光系数

上式中的比例系数 k 与浓度 c 和厚度 l 的单位有关。l 通常以 cm 为单位。

当浓度 c 的单位取 g/L 时，k 称为吸光系数，以 a 表示；当 c 单位取 mol/L 时，k 称为摩尔吸光系数，以 ε 表示，即

$$A = \varepsilon cl$$

摩尔吸光系数较为常用，一般由较稀浓度溶液的吸光度求得。由于 ε 与光波长有关，故常写为波长下标 ε_λ。

当入射光的波长、温度和液层厚度 l（即比色皿厚度）一定时，溶液的吸光度 A 只与溶液的浓度 c 成正比。分光光度计法就是以朗伯-比尔定律为基础建立起来的一套测定溶液浓度的分析方法。此方法通常先测定一系列已知浓度的标准溶液的吸光度，并绘出吸光度-浓度标准曲线，然后测出样品的吸光度，并在标准曲线上直接找出相应的浓度。

（二）粉末样品吸收光谱

固体粉末样品对于光线散射较强，使得样品透光率较低，从透射光的强度无法

测定材料的光吸收情况,因此对粉末固体常结合积分球法测定漫反射光强度,从而间接地定性测量材料的光吸收情况。积分球漫反射分光光度法广泛应用在材料的吸收光谱和光学带隙测量中。放置粉末样品的白板通常由 $BaSO_4$ 压制而成。由漫反射谱转换成吸收光谱,常用 Kubelka-Munk 公式(简称 K-M 公式),即

$$\frac{\alpha}{S} = \frac{(1-R)^2}{R^2}$$

式中,α 为 K-M 吸收因子,S 为 K-M 散射因子。

二、仪器构造

Lambda 950 紫外可见近红外分光光度计主要由光源系统、单色器系统、斩波器系统、样品池、检测系统、控制和数据处理系统等组成,其结构原理图如图 13.2 所示。

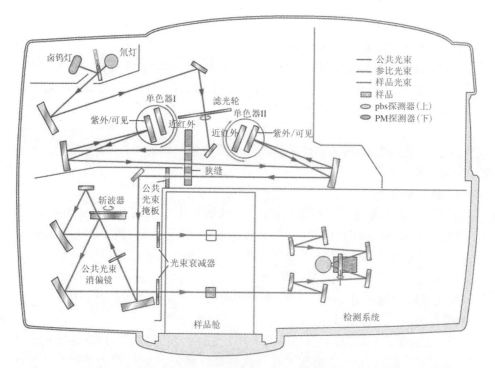

图 13.2 Lambda 950 紫外可见近红外分光光度计结构示意图

(1) 光源系统:由碘钨灯(可见近红外区)和氘灯(紫外区)构成,组合使用后发出波长范围为 175~3 300 nm 的连续光谱。某些情况下也可使用高强度、高单色性的激光器作光源。

(2) 单色器系统:单色器是将光源发出的连续光谱分解为单色光的装置,利用单色器可以准确方便地将复合光分解成所需的某一波长的单色光,是光度计的核

心部件。本系统采用光栅单色器,由两个光栅、狭缝和反射镜等部分构成。

(3) 斩波器系统:采用最先进四扇区的 CSSC 技术信号收集斩波器,最及时地扣除样品和参比中灯的暗电流,确保能得到最准确样品和参比的信号。光束到达斩波器时,一段时间内的光透射成为参比光路,另一段时间内的光反射成为样品光路,最后两光交替地照射在检测器上,如图 13.3 所示。

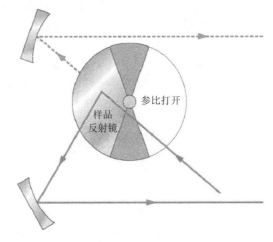

图 13.3　四扇区斩波器结构示意图

(4) 样品池:又称比色皿,用于盛放待测及参比溶液的器皿,通常为石英材料制作。使用时,要让光束通过透明面,并且不能用手触碰。

(5) 积分球附件:积分球是一个内壁涂有硫酸钡或聚四氟乙烯等漫反射材料的空腔球体。这些漫反射涂层在 200~2 500 nm 光谱范围内的光谱反射比都在99%以上,进入积分球的光经过内壁涂层多次反射,在内壁上形成均匀照度,可获得较高的光收集效率。

(6) 检测器:是将光信号转换为电信号的装置。紫外可见区采用高灵敏度无格栅的 R6872 光电倍增管检测器(探测范围是 165~1 000 nm),近红外区采用半导体制冷的 Pbs 检测器(探测范围是 800~3 300 nm)。

(7) 控制和数据处理系统:控制光栅及反射镜等部件的协调运动,并将检测器输出的电信号经电子电路的放大和数据处理后,通过显示系统绘出光谱曲线,输出测量结果,还可通过计算机程序做进一步的图形及数据处理等。

【实验步骤与要求】

一、仪器准备

(1) 打开仪器电源,预热稳定 15~30 min。

（2）打开电脑，双击运行软件"扫描 Lambda 950"。

（3）用户登录，点击"确定"。

二、参数设置

（1）左侧任务列表，单击"数据采集"，出现如图 13.4 所示的界面，在右上角"方法设置"中只需修改"起始""结束""数据间隔""纵坐标模式"四个参数，其他参数请勿更改。注意：起始波长要大于结束波长。

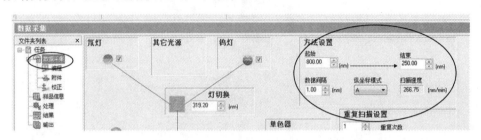

图 13.4　数据采集界面

（2）左侧任务列表，单击"样品信息"，出现样品信息栏，如图 13.5 所示。可根据样品数量填入合适数字，如填入 10，则样品 ID 中的 10 个样品将按照同一方法依次测量。列表中的样品全部扫描完后可进行添加，列表数目也会继续增加。

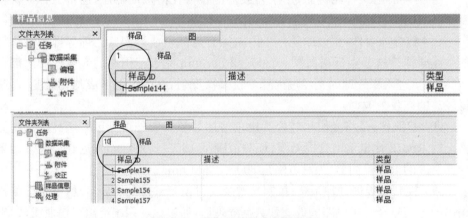

图 13.5　增加测试样品数量界面

三、扫描背底

设置完参数后放入背底样品，点击橘红色"开始"按钮，如图 13.6 所示。

图 13.6　背底扫描开始界面

然后出现如图 13.7 所示的提示框,确定仪器光路中只有背景样品后,点击
"确定"。

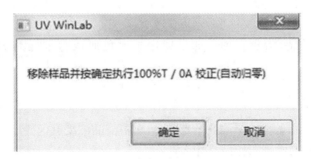

图 13.7　背底扫描开始确认界面

在背景扫描过程中,只实时显示波长,没有读数数值。

四、扫描样品

(1) 扫完背底后,会弹出如图 13.8 所示的窗口,放置待测样品,点击"确定"按
钮。扫描过程中,波长和读数数值都实时显示。

(2) 后面样品依次进行扫描,全部扫描结束会出现如图 13.9 所示的提示框,
确定完成。确定后,如果仍有样品,可以在样品数量处 $\boxed{10}$ 样品 增加若干个,样
品条目也会增加。

图 13.8　测试确定界面　　　　　　　　图 13.9　扫描结束界面

五、导出数据

通过 ⌈≪⌉⌈＜⌉⌈第2个，共2⌉⌈＞⌉⌈≫⌉ 选择相应图谱曲线，在图下方 ⌈≪⌉⌈＜⌉⌈第2个，共2⌉⌈＞⌉⌈≫⌉ 处右击选择"保存为 asc"，选择保存路径名后，点击"确定"即可。

六、关机、登记、整理台面

(1) 关闭电脑软件。
(2) 关闭仪器电源开关。
(3) 登记使用记录。
(4) 取出样品，清理台面。如果使用了比色皿或粉末样品槽，请及时清洗干净。

【思考题】

(1) 使用分光光度计测溶液吸光度时，对溶液的浓度有何要求？为什么？
(2) 积分球的原理与作用是什么？

实验十四　瞬态/稳态荧光光谱仪原理与使用

【实验目的】

(1) 掌握物质发光的基本知识。

(2) 了解荧光光谱仪的工作原理。

(3) 掌握荧光光谱及激发光谱的测量方法。

【实验仪器】

FLS 920 稳态/瞬态荧光光谱仪。

【实验原理】

在紫外线照射下,许多物质能发出荧光。荧光光谱分析法的灵敏度很高,较紫外-可见分光光度法高二或三个数量级,与原子吸收光谱法相近。如果采用激光时间分辨荧光法,灵敏度还可大大提高。物质的激发光谱和荧光发射光谱,可以用于物质的定性分析。当激发光强度、波长、所用溶剂及温度等条件固定时,物质在一定浓度范围内,其发射光强度与溶液中该物质的浓度成正比关系,可以用作定量分析。

一、荧光产生的原理

荧光是指某种物质受紫外光或可见光激发后能发射出比激发光波长更长的光的现象。荧光产生的原理是当物质受到某种激发(如光照射、外电场激发、电子束撞击)后,将从基态跃迁到高能态,处于高能态原子或分子通常是不稳定的,会通过光或热的形式(驰豫)释放能量回到基态。如果能量是以光的形式释放,就称为荧光。荧光产生的示意图如图 14.1 所示。

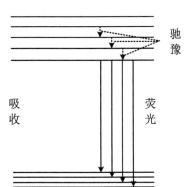

图 14.1　荧光产生的示意图

二、荧光化合物的两种特征光谱

(1) 荧光激发光谱,就是通过测量荧光体的发光通量随激发波长变化而获得的光谱,它反映了不同波长激发光引起荧光的相对效率。

（2）荧光发射光谱，如使激发光的波长和强度保持不变，而让荧光物质所产生的荧光通过发射单色器后照射于检测器上，扫描发射单色器并检测各种波长下相应的荧光强度，然后通过记录仪记录荧光强度对发射波长的关系曲线，所得到的谱图称为荧光光谱。

荧光分析法的灵敏度一般比紫外分光光度法或比色法高，浓度太大的溶液会有"自熄灭"作用。由于在液面附近溶液会吸收激发光，使发射光强度下降，这将导致发射光强度与浓度不成正比，故荧光分析法应在低浓度溶液中进行。

荧光发射的特点：可产生荧光的分子或原子在接受能量后即刻引起发光，而一旦停止供能，发光（荧光）现象也在瞬间内消失。

溶液荧光光谱通常具有以下特征：

① 斯托克斯位移：在溶液荧光光谱中，所观察到的荧光的波长总是大于激发光的波长。

② 荧光发射光谱的形状与激发波长无关。

③ 荧光发射光谱的形成与吸收光谱的形状有镜像关系。

荧光猝灭：荧光分子的辐射能力在受到激发光较长时间的照射后会减弱甚至猝灭，这是由于激发态分子的电子不能回复到基态，所吸收的能量无法以荧光的形式发射。一些化合物有天然的荧光猝灭作用而被用作猝灭剂，以消除不需用的荧光。因此，荧光物质的保存应注意避免光（特别是紫外光）的直接照射或与其他化合物的接触。

荧光效率：荧光分子不会将全部吸收的光能都转变成荧光，总是有或多或少的光能以其他形式释放。荧光效率是指荧光分子将吸收的光能转变成荧光的百分率，与发射荧光光量子的数值成正比。其计算公式为

荧光效率＝发射荧光的光量子数（荧光强度）/吸收光的光量子数（激发光强度）

其中，发射荧光的光量子数亦即荧光强度，除受激发光强度影响外，也与激发光的波长有关。各个荧光分子有其特定的吸收光谱和发射光谱（荧光光谱），即在某一特定波长处有最大吸收峰和最大发射峰。选择激发波长接近于荧光分子的最大吸收峰波长，且选择的待测发射光波长接近于最大发射峰时，得到的荧光强度最大。

三、荧光光谱仪基本结构和原理图

图 14.2 为 FLS920 稳态/瞬态荧光光谱仪（Edinburgh Instruments，EI）的外形照片，其原理图如图 14.3 所示。其工作原理如下：由光源发出的光，通过激发单色器后变成单色光，而后照在荧光池中的被测样品上，由此激发出的荧光被发射单色器收集后，经单色器色散成单色光照在光电倍增管上并转换成相应的电信号，经放大器放大反馈到 A/D 转换单元，A/D 转换单元将模拟信号转换成相应的数字

量,最后通过显示器或打印机显示记录下被测样品的谱图。其主要构成如下:

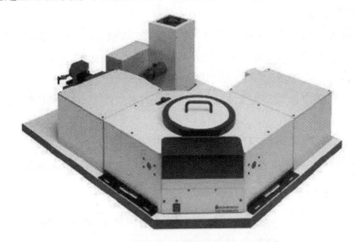

图 14.2 FLS920 荧光光谱的外形照片

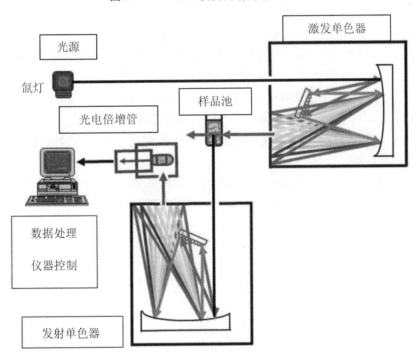

图 14.3 光谱仪原理图

1. 光源

光源为高压汞蒸气灯或氙弧灯,后者能发射出强度较大的连续光谱,且在 300～400 nm 范围内强度几乎相等,故比较常用。

2. 激发单色器

置于光源和样品室之间的结构为激发单色器或第一单色器,其作用是筛选出特定波长的激发光谱。

3．发射单色器

置于样品室和检测器之间的结构为发射单色器或第二单色器,常采用光栅为单色器。发射单色器的主要作用是筛选出特定的发射光谱。

4．样品室

样品室通常由石英池(液体样品用)或固体样品架(粉末或片状样品)组成。

5．检测器

一般用光电管或光电倍增管作检测器。可将光信号放大并转为电信号。测量液体时,光源与检测器成直角安排;测量固体时,光源与检测器成锐角安排。

【实验步骤与要求】

一、测量之前需要特别注意的事项

(1) 在切换光源、修改设置或放样品之前,必须把狭缝($\Delta\lambda$)关到最小(0.01 nm),否则可能会损坏光电倍增管。如果打开样品室盖子之后,Em1 的 Signal Rate 增加,请停止实验并立即与工作人员联系。

(2) 测量样品的瞬态性质之前,请用荧光光谱仪对样品的稳态性质进行表征,了解样品的激发光谱和发射光谱及最佳激发波长和发射波长。

(3) 用 PMT 检测时,必须等稳压电源 CO1 的温度示数在 $-17\ ^{\circ}C$ 以下时才可以开始采集数据。

(4) 严禁用稳态/瞬态荧光光谱仪测量未知样品紫外可见区的稳态光谱。

(5) 狭缝范围 0.01～18 nm,调节时注意不要超过其上限。

(6) 每次设置完参数后,都要点击"Apply"或者"回车"键确定。

(7) 文件保存路径为"C：\users\导师\自己文件夹"。

(8) 用未开封的光盘拷贝数据。

(9) 如实填写仪器使用记录,爱护仪器。

二、稳态/瞬态荧光光谱的测定

1．紫外可见区稳态荧光光谱的测定步骤

(1) 打开 Xe900 电源,待其稳定,稳定后电压为 16～17 V,电流为 25 A。

(2) 打开 CO1 电源和 FLS920 主机电源。

(3) 打开计算机,双击桌面上"F900"图标,进入工作站。

(4) 点击窗口左上角的 按钮,进入"Signal Rate"设置窗口,先将 Excitation Wavelength 和 Em1 Wavelength 处的 $\Delta\lambda$ 均设置为 0.01 nm,按"回车(Enter)"键

或者点击"Apply"确定,再将 Source 设置为 Xe900,Em1 Detector 设置为 R928-PA,然后点击"Apply"。

(5) 打开样品室的盖子,放入待测样品,然后盖好。

(6) 在 Signal Rate 设置窗口内输入相应的 Excitation Wavelength 和 Em1 Wavelength 值,逐渐加大 $\Delta\lambda$,使 Em1 获得一个合适的 Signal Rate(注意:在设置后,需要按下"Enter"或者"Apply"按钮设置才真正生效,Ref 的 Signal Rate 不要超过 10^7,Em1 的 Signal Rate 千万不要超过 10^6)。

(7) 单击 Ⓜ 按钮,选择"Excitation Scan",进入设置窗口,在"Emission 1"栏内,将 Monochromator Wavelength 设置为待检测波长,Detector 根据待检测波长设置为 R928-PA,然后在 Excitation Scan Parameters 内设置波长扫描范围、扫描间隔(Step)、停留时间(Dwell Time)和扫描次数(Number of Scans),设置完毕后,点击"Start"即开始测量,得到激发光谱。

(8) 点击 Ⓜ 按钮,选择"Emission Scan",进入设置窗口,在"Excitation"标签内,将 Monochromator Wavelength 设置为合适的激发波长,在"Emission 1"标签内根据待检测波长将 Detector 设置为 R928-PA,然后在"Emission Scan Parameters"内设置波长扫描范围、扫描间隔(Step)、停留时间(Dwell Time)和扫描次数(Number of Scans),设置完毕后,点击"Start"即开始测量,得到发射光谱(荧光光谱)。

2. 近红外区稳态荧光光谱的测定步骤

如果测量范围在近红外区(800~1 700 nm),需要用到 Ge 探头,具体操作步骤和设置如下:

(1) 打开 Xe900 电源,待其稳定,稳定后电压约为 16~17 V,电流为 25 A。

(2) 打开 FLS920 主机电源。

(3) 打开 MF-1 电源和 Bentham225 电源,先确认 PS-1 的电压处于 0,打开 PS-1 电源,再缓慢将电压选择旋钮调到 200 V 位置。开始测量之前要用漏斗往 Ge 探头内注满液氮并冷却约 1 h,可用探测棒探测液氮高度,使得在整个测量过程中探头内一直充有液氮。

(4) 选择"Options"菜单下的"Hardware Configuration"进入硬件配置窗口,然后点击"monochromators",将 Emission1 mono 设置为 NIR 光栅,确定时软件会提示重启,点击"OK"重启软件。

(5) 进入工作站后,点击窗口左上角的 Ⓜ 按钮,进入"Signal Rate"设置菜单,将 Excitation Wavelength 和 Em1 Wavelength 处的 $\Delta\lambda$ 均设置为 0.01 nm 之后,Source 设置为 Xe,Em1 Detector 设置为 Ge,然后点击"Apply"(注意:将 Source 设置为 Xe 之前,一定要将 $\Delta\lambda$ 设置到足够小,此情况下 Em1 的 Signal Rate 应低于 400 cps,否则请检查液氮高度并进一步冷却,如果冷却足够长时间后读数仍然很大,请通知工作人员)。

（6）其他测量步骤与紫外可见区的稳态荧光测量步骤（5）～（8）相同。

3. 数据处理

（1）测量完成后，直接点击保存图标，保存原始文件。

（2）数据处理的功能都在 Data 菜单下，每个键的功能如下：

① Scale：将当前的谱图坐标乘以输入的数值显示出来。

② Normalise：归一化，用此功能可以比较峰位是否相同。

③ Subtract Baseline：扣基线。

④ Crop Range：设置横坐标显示范围。

⑤ Differentiate：显示微分曲线。

⑥ Integrate：积分。

⑦ Reverse：将横坐标刻度倒过来显示。

⑧ Correction：谱图校正。

（3）谱图处理完了以后点击"File"，选择"Export ASCⅡ"，即可以转换成文本文件。

三、紫外可见荧光寿命的测定

1. 紫外可见荧光寿命的测量步骤

（1）打开 CO1、主机和 nF900 电源。

（2）打开计算机，双击桌面上"F900"图标进入工作站。

（3）点击"View"菜单，选择"nF Lamp Setup"进入窗口，点击"Switch Lamp On"，观察纳秒灯的频率，注意在此窗口不要更改设置，观察正常后关闭窗口。如果发现频率不能稳定在 40 kHz，请通知工作人员清洗氢灯。

（4）点击软件窗口左上角的■按钮，进入"Signal Rate"设置窗口，先将 Excitation Wavelength 和 Em1 Wavelength 处的 $\Delta\lambda$ 均设置为 0.01，按"回车"键或者点击"Apply"，再将 Source 设置为 nF Lamp，Em1 Detector 设置为 R928-PA，然后点击"Apply"。

（5）打开样品室，放入样品，盖好盖子，输入样品的 Excitation Wavelength 和 Em1 Wavelength 值，逐渐加大 $\Delta\lambda$，使 Em1 获得一个合适的 Signal Rate（一般不超过 2 000）。

（6）点击■按钮，选择"Manual Lifetime"，进入设置菜单，在"Excitation"栏内设置好激发波长和 Light Source，在"Emission 1"栏内设置好发射波长和 Detector，将 Live 选择框勾上，然后开始设置下部的"Lifetime Sample 1"菜单，在"Rates"标签内一边观察 Stop Rate、一边调节 Iris Setting，使 Stop Rate 务必在 2 000 以下，再在 Time Range 标签内选择一个合适的 Time Range 和 Channels，最后在"Stop Condition"标签内根据样品情况选择一个合适的条件，设置好之后，点击"New"开始测试。

2. 数据处理

(1) 测量完成后,点击"保存",将原始文件保存到"C:\users\导师\自己的文件夹"。

(2) 点击"Zoom In"按钮,然后在图上选取一个需要进行拟合的范围,在"Data"菜单下选择"Exponential Fit"中的"Tail Fit",在弹出的窗口内输入数值进行拟合,得到衰减寿命。

(3) 对于寿命很短的样品,在样品测量完成后,要做仪器的衰减(即 IRF),液体样品用 30% 硅胶水溶液作散射体,固体样品用固体本身作散射体,在"Signal Rate"设置窗口中将 Excitation Wavelength 和 Em1 Wavelength 值都设置为 Excitation Wavelength 值,然后调整 $\Delta\lambda$ 获得合适的 Em1 值,完成后关闭窗口。

(4) 点击 🔟 按钮,选择"Manual Lifetime",进入设置菜单,将 Live、IRF 和 Add 选择框勾上,其他设置与样品一致,设置完成后,点击"New"开始测试。

(5) 测量完成后,选择拟合范围,点击"Data"菜单,选择"Exponential Fit"中的"Rconvolution Fit"进行拟合。

(6) 拟合完成后,保存拟合的文件,共三种类型的文件,即原始文件、ASCⅡ文件和图片文件。直接点击"保存"可以保存原始文件;点击"File"选择"Export ASCⅡ"即可以保存成文本文件;点击"save as",保存文件类型选择"Windows Meta-File"即保存成图片格式。

四、关机程序

(1) 关闭 F900 程序和计算机。

(2) 关闭 CO1 电源,将 PS-1 上电压选择旋钮调至 0 后关闭电源,关闭 MF-1 电源、Bentham 225 电源、nF900 电源和 FLS920 主机电源。

(3) 关闭 Xe900 电源以及其他使用过的仪器。

(4) 在记录本上做好使用记录。

五、实验要求

(1) 将同一种物质,从低到高,选择不同的激发和发射波长(例如,ZnO 的激发波长可选 320 nm、350 nm、390 nm、420 nm、430 nm、450 nm、470 nm、490 nm,发射波长要作相应的调节并和起始波长一致),运行扫描谱线并分别保存。然后在同一坐标上显示出各条谱线(打开"文件"即可),找出最佳激发波长,通过对比谱线,研究其规律。

(2) 点击"操作人"右侧的带 3 个点的长方钮,输入各种信息(如姓名、样品名称、激发波长、采集次数、负高压、日期等),打印出待测物质的特征谱线(只打印拉曼峰圆滑且最高的那个特征谱线)。

(3) 要求测蒸馏水、酒精等物质的谱线,找出最佳激发波长,并分别打印出待测物质的特征谱线。

(4) 将酒精中加入一倍的蒸馏水,找出最佳激发波长,并与原酒精比较。

(5) 总结并讨论上述实验结果及规律。

注意:测量其他物质的最佳激发波长时,应多次测量,找到最好的波形。

【思考题】

(1) 在激发波长确定时,怎样设置荧光光谱的扫描范围? 在监测波长确定时,怎样设置激发光谱的扫描范围?

(2) 测量溶液光谱时,进行预扫描有何作用? 进行预扫描时,需要注意哪些问题?

(3) 吸收光谱仪与荧光光谱仪有何不同?

实验十五　傅里叶变换红外光谱的测定与解析

【实验目的】

(1) 了解红外光谱仪的结构与工作原理。

(2) 掌握红外光谱仪的基本操作。

(3) 掌握溴化钾压片法制备固体样品的方法。

(4) 了解红外吸收光谱图的解析。

【实验仪器】

FTIR Nicolet 6700 型傅里叶变换红外光谱仪。

【实验原理】

红外吸收光谱法(Infrared Absorption Spectrometry, IR),又称红外分光光度法,即是利用物质对红外光电磁辐射的选择性吸收特性来进行结构分析、定性、定量分析的一种光学分析方法。以一定波长的红外光照射物质时,若该红外光的波数能满足物质分子中某些基团振动能级的跃迁所对应的频率,则该基团就吸收这一波数红外光的辐射能量,并引起偶极距的变化,而由基态振动能级跃迁至能量较高的激发态振动能级。在引起分子振动能级跃迁的同时不可避免地要引起分子转动能级之间的跃迁,故红外吸收光谱又称振-转光谱。通常将红外光谱分为三个区域:近红外区(0.75~2.5 μm)、中红外区(2.5~50 μm)、远红外区(50~1 000 μm)。绝大多数有机物和无机物的基频吸收带都出现在中红外区,因此中红外区是研究和应用最多的区域,积累的资料也最多,仪器技术最为成熟。通常所说的红外光谱即中红外光谱。

一、红外吸收光谱法的原理

不同的物质具有自己特有的红外光谱图,所以红外光谱图又称为物质的分子指纹图。典型的红外光谱图如图 15.1 所示,横坐标表示吸收峰的位置,采用波数(单位为 cm^{-1},范围为 4000~400 cm^{-1})或波长(单位为 μm,范围为 2.5~ 25 μm)作为量度单位,纵坐标表示吸收峰的强弱,用百分透光(过)率 $T(\%)$ 或吸光度(A)作为量度单位。

根据红外光谱的峰位、峰强及峰形,判断化合物中可能存在的官能团,从而可推断出未知物的结构。

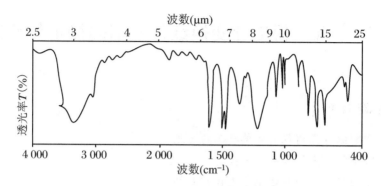

图 15.1　某化合物的红外吸收光谱图

二、红外吸收光谱仪

红外吸收光谱仪又叫红外分光光度计,可分为色散型红外吸收光谱仪和傅里叶变换红外吸收光谱仪(FTIR)。色散型红外吸收光谱仪的结构与紫外-可见分光光度计大体一样,由光源、吸收池、单色器、检测器以及数据记录与显示装置五大部分组成,如图 15.2 所示。两者最根本的一个区别是,前者的吸收池放在光源与单色器之间,后者的吸收池则放在单色器之后。

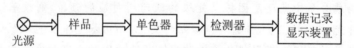

图 15.2　色散型红外吸收光谱仪的结构示意图

中红外光区最常用的红外光源是硅碳棒和能斯特灯;单色器由色散元件、准直镜和狭缝组成;红外吸收池使用可透过红外光的 NaCl、KBr、CsI 等无机盐晶体材料制成的窗片;红外吸收光谱仪的检测器主要有高真空热电偶、测热辐射计、热释电检测器、光导电检测器等。在色散型红外吸收光谱仪中以棱镜或光栅作为色散元件,这类仪器的能量受到严格限制,扫描时间慢,且灵敏度、分辨率和准确度都较低。随着计算方法和计算技术的发展,20 世纪 70 年代出现新一代的红外光谱测量技术及仪器——傅里叶变换红外吸收光谱仪,其结构示意图如下:

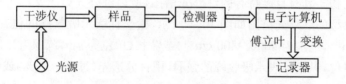

图 15.3　傅里叶变换红外吸收光谱仪结构示意图

傅里叶变换红外吸收光谱仪是利用干涉的方法,并经过傅里叶变换而获得红外光谱的仪器。它由光源、迈克尔逊干涉仪、试样插入装置、检测器、电子计算机和记录仪等部分组成,工作原理如图 15.4 所示。它与色散型红外吸收光谱仪的主要区别在于干涉计和电子计算机两部分。

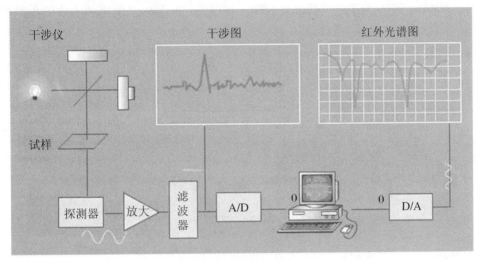

(a) 傅里叶变换红外吸收光谱仪

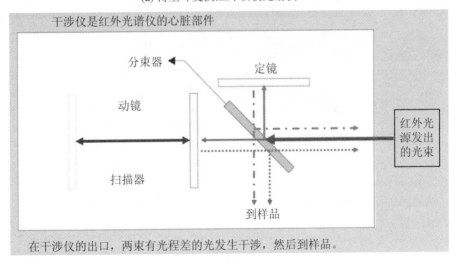

(b) 干涉仪

图 15.4　傅里叶变换红外吸收光谱仪与干涉仪的工作原理示意图

在傅里叶变换红外吸收光谱仪中迈克尔逊干涉仪的作用是将光源发出的光分为两束后,再以不同的光程差重新组合,发生干涉现象。干涉图包含着光源的全部频率和与频率相对应的强度信息,所以如果有一个红外吸收的样品放在干涉仪的光路中,由于样品吸收特征红外波数的能量,所得到的干涉图强度曲线就会相应地产生一些变化。这个包含着每个频率强度信息的干涉图,可借助数学上的傅里叶变换技术,对每个频率的光强进行计算,从而得到吸收强度或透光率随频率或波数变化的普通红外光谱图。这套变化过程在仪器中通过计算机完成,比较复杂和麻烦。

Nicolet 6700 傅里叶变换红外吸收光谱仪的外观与内部结构的实物照片如图15.5 所示。

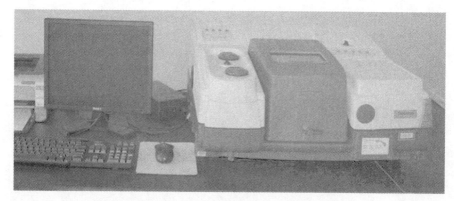

(a) 外观

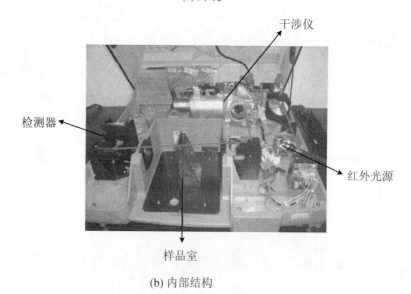

(b) 内部结构

图 15.5　Nicolet 6700 傅里叶变换红外吸收光谱仪的外观与内部结构的实物照片

傅里叶变换红外光谱仪具有扫描速度快、分辨率高、灵敏度高、波数精度高、光谱范围宽等优点,应用范围非常广泛,是现代化学研究者进行未知物鉴别、化学结构确定、化学反应跟踪、纯度检查、异构体区别、质量控制、定量分析等不可缺少的基本设备之一。

三、样品的制备

在红外光谱法中,样品的制备占有重要地位。如果试样处理不当,那么即使仪器的性能很好,也不能得到满意的红外光谱图。一般来说,样品制备时应注意以下几点:

(1)样品的浓度和测试厚度应选择适当。一般使光谱图上大多数吸收峰的透光率处于 15%～70%范围内为宜。

(2)样品应是单一组分的纯物质。否则各组分光谱互相重叠,会使图谱无法解析。

(3)样品中不含有游离水。水分的存在不仅会侵蚀吸收池的盐窗,而且水分本身在红外区有吸收,使测得的光谱图变形。

红外光谱法不受试样物态限制,可用于气态、液态、固态样品的测定。气态样品一般灌入气体槽内进行测定;液体样品可以采用液体吸收池法与液膜法制备;固体样品可以采用溶液法、KBr 压片法、薄膜法、糊状法等制备。

【实验步骤与要求】

一、压片

取预先在 110 ℃干燥 24 h,并保存在干燥器中的溴化钾 150 mg 左右,置于洁净的玛瑙研钵中,于红外灯下研磨均匀,之后装入压片模具中,在压片机上压片,即得透明的溴化钾晶片,作为测试的空白片,待用。

另取一份 150 mg 左右的溴化钾置于洁净的玛瑙研钵中,加入 1.5～3 mg 的苯甲酸(KBr 与样品的质量比 100∶1),混合均匀后,同上操作,研磨,压片,即制得样品压片。

二、红外光谱测定

1.开机

(1)打开稳压电源。

(2)打开红外光谱仪电源。

(3)打开电脑,启动 Omnic 工作站,稳定 30 min。

2.设置采集条件

从"采集"菜单中,设定扫描次数、分辨率、背景处理等采集参数。首先,点击"光学台"选项,检查红外干涉信号强度,观察仪器是否正常。

3.背景与样品红外光谱的采集与处理

(1)背景的采集:先做 KBr 空白压片,再把空白片放至样品架上,用"Col Bkg"

采集背景。

(2) 样品数据的采集:做好含有适量样品的 KBr 压片(KBr 与样品的质量比约 100:1),把样品片放至样品架上,用"Col Smp"采集样品的傅里叶变换红外光谱图。

4. 光谱数据的保存与处理

采集的光谱数据可保存为＊.SPA 光谱文件或＊.CSV 文本文件等,并通过"数据处理"菜单中的吸光度、透过率、自动基线校正等功能对谱图进行调整处理。用"谱图分析"菜单中的标峰、谱图检索数据库等功能对样品的红外光谱图进行数据的比对。

扫谱结束后,取出样品架,取下样品薄片,将压片模具、试样架等擦洗干净,置于干燥器中保存。

三、红外光谱的解析

测试完毕后,对所得红外谱图上的峰进行归属分析。

红外图谱的解析主要靠长期的实践与经验的积累,没有一个特定的办法,一般解析时遵循的规则是先官能团区,后指纹区;先强峰,后弱峰;先粗查,后细找;先否定,后肯定。

官能团区($4\,000 \sim 1\,300\ \text{cm}^{-1}$):该区域的峰是由 X—H(X 为 O、N、C 等)单键的伸缩振动,以及各种双键、三键的伸缩振动产生的吸收带,且该区域的吸收峰稀疏,容易辨认。

指纹区($1\,300 \sim 600\ \text{cm}^{-1}$):指纹区的能量比官能团区低,各种单键的伸缩振动以及多数基团的变形振动出现在此区,且该区域的吸收光谱比较复杂。

常见红外光谱区域与引起吸收的主要基团,如表 15.1 所示。

表 15.1　常见红外光谱区域与引起吸收的主要基团

序号	光谱区域(cm^{-1})	引起吸收的主要基团
1	$1\,000 \sim 3\,000$	OX—HH,NX—HH 伸缩振动
2	$3\,300 \sim 2\,700$	CX—HH 伸缩振动
3	$2\,500 \sim 1\,900$	—C≡C—,C≡N,C≡C≡C— C≡C≡O,—N≡C≡O 伸缩振动
4	$1\,900 \sim 1\,650$	C≡O 伸缩振动及芳烃中 C—H 弯曲振动的倍频和合频

续表

序号	光谱区域(cm⁻¹)	引起吸收的主要基团
5	1 675～1 500	芳环、 C=C 、 C—N— 伸缩振动
6	1 500～1 300	C H 面内弯曲振动
7	1 300～1 000	C—O,C—F,Si—O 伸缩振动和 C—C 骨架振动
8	1 000～650	C—H 面外弯曲振动,C—Cl 伸缩振动

【思考题】

（1）用压片法制样时,为什么要求将固体试样研磨到颗粒粒度约为 2 μm 左右?

（2）用溴化钾压片法制样时,对试样的制片有何要求?

（3）在测定固体的红外谱图时,如果没有把水分完全除去,对实验结果有什么影响?

（4）在用红外光谱测定和分析物质结构时,对谱图进行解析应遵循哪些规则?

实验十六　电感耦合等离子体原子发射光谱分析

【实验目的】

(1) 了解电感耦合等离子体发射光谱仪的基本构造、原理与方法。

(2) 了解等离子体发射光谱分析的一般过程和主要操作方法。

(3) 掌握等离子体发射光谱分析对样品的要求与制样方法。

(4) 掌握等离子体分析光谱仪定性、定量分析与数据处理方法。

【实验仪器】

电感耦合等离子体原子光谱仪(ICPS-7510)。

【实验原理】

等离子体发射光谱分析是原子发射光谱分析的一种,主要根据试样物质中气态原子被激发后,其外层电子由激发态返回到基态时,辐射跃迁所发射的特征辐射能,来研究物质的化学组成。

一、等离子体发射光谱分析的基本原理

每一种元素被激发时,都会产生自己特有的光谱。其中一条或数条辐射的强度最强,最容易被检出,所以也常称作最灵敏线。如果试样中有某些元素存在,那么只要在合适的激发条件下,样品就会辐射出这些元素的特征谱线。一般根据元素灵敏线的出现与否就可以确定试样中是否有某种元素的存在,这就是光谱定性分析的基本原理。在一定条件下,元素的特征谱线强度会随着元素在样品中含量或浓度的增大而增强。利用这一性质来测定元素的含量便是光谱半定量分析的依据。

二、等离子体发射光谱仪的分析过程及结构

等离子体发射光谱分析过程主要分三步,即激发、分光和检测。

(1) 激发:利用激发光源使样品蒸发气化,离解或分解为原子状态或者电离成离子状态,原子及离子在光源中激发发光。

(2) 分光:利用光谱仪的光学元件将光源发射的光分解为按波长及级数分布

的光谱。

（3）检测：利用电光器元件检测光谱，按所测得的光谱波长对试样进行定性分析，或按发射光强度进行定量分析。

等离子体发射光谱仪一般由进样系统、射频发生器、分光系统、气体控制系统、检测与数据处理系统组成。

（1）进样系统。进样系统是把液体试样雾化成气溶胶导入 ICP 光源的装置。通常由毛细管、泵管、泵夹、蠕动泵、雾化器、雾化室、中心管、炬管、辅助部件组成。其中，雾化器为同心雾化器，雾化室为旋流雾化室。

等离子体形成过程：① 向炬管外管通入等离子体气（也称冷却气）和辅助气，在矩管中建立气体气氛；② 向感应线圈接入高频电源（27. 12 MHz 或 40. 08 MHz），此时线圈内有高频电流及由它产生的高频电磁场；③ 尖端放电是气体局部电离成导体，并进而产生感应电流，感应电流加热气体形成火炬状的 ICP 炬焰。

（2）射频发生器。又称高频发生器或等离子体电源。它的作用是向等离子体提供能量。

（3）分光系统。把复合光按照不同波长展开而获得光谱的过程称为分光。用来获得光谱的装置称为分光装置。等离子体发射光谱仪中常用的分光装置主要是平面光栅光谱仪、中阶梯光栅光谱仪和凹面光栅光谱仪。

（4）气体控制系统。按照气体功能可分为等离子体气路和净化吹扫气体。等离子体气路包括冷却气、辅助器和载气。净化吹扫气体主要净化处理光室及电荷注入式固态监测器（CID）。

（5）检测与数据处理系统。利用电光器元件，按光学波长检测光谱，利用仪器软件分析。

三、ICP-AES 仪器装置

ICP-AES 分析仪器的典型结构如图 16.1 所示。

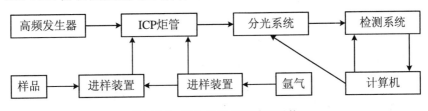

图 16.1　ICP-AES 仪器典型结构

1. ICP-AES 的特点

（1）温度高，惰性气氛，原子化条件好，有利于难熔化合物的分解和元素激发，有很高的灵敏度和稳定性。

（2）"趋肤效应"，涡电流在外表面处密度大，使表面温度高，轴心温度低，中心通道进样对等离子的稳定性影响小。有效消除自吸现象,线性范围宽(4~5个数量级)。

(3) ICP中电子密度大,碱金属电离造成的影响小。

(4) Ar气体产生的背景干扰小。

(5) 无电极放电,无电极污染;ICP焰炬外形像火焰,但不是化学燃烧火焰,而是气体放电。

缺点:对非金属测定的灵敏度低,仪器昂贵,操作费用高。

2. 全谱直读等离子体光谱仪的特点

(1) 测定每个元素可同时选用多条谱线。

(2) 可在1 min内完成70个元素的定量测定。

(3) 可在1 min内完成对未知样品中多达70个元素的定性测定。

(4) 1 mL的样品可检测所有可分析元素。

(5) 扣除基体光谱干扰。

(6) 全自动操作。

(7) 分析精度:CV 0.5%。

【实验步骤与要求】

一、测定范围

各元素测定范围见表16.1。

表 16.1　各元素测定范围

元素	铁	锡	镉	铅	锌
质量分数(%)	<0.1	<0.1	<0.1	<0.1	余量

二、试剂

各元素(铁、锡、镉、铅)的单元素溶液标准物质;盐酸:优级纯;氯化锌:固体。

三、试液的制备

(1) 标准溶液配制:依据标准元素的浓度,分别配制3个或5个梯度的标准溶液(工作曲线备用)。

(2) 样品溶液的准备:称样1.000 0 g于150 mL石英烧杯中,加10 mL 5%盐酸,溶解后转移到100 mL容量瓶中,用去离子水定容至刻度,摇匀。

四、分析步骤

(1) 开机:执行开机程序。

(2) 编辑方法:将标准品中的所有元素的特征吸收谱线波长选中,使相互干扰最小且灵敏度最好。

(3) 标准曲线的绘制:进行空白试验,再测定标准溶液的测定,绘制出各元素的标准曲线。

(4) 非水样品的消化。

① 传统的方法主要有湿法消化和干法灰化。湿法消化是在适量的样品中加入硝酸、高氯酸、硫酸等氧化性强酸,结合加热来破坏有机物。在消化过程中,易产生大量的有害气体,危险性较大,且试剂用量也较多,空白值偏高。

② 干法灰化是在高温灼烧下,使有机物氧化分解,剩余无机物供测定,此法消化周期长,耗电多,被测成分易挥发损失,坩埚材料有时对被测成分也有吸留作用,致使回收率降低。

③ 压力消解罐消解。

④ 氧化紫外光解。

⑤ 微波消解。

(5) 样品测定在与标准相同的条件下,将消化液直接进样测定。

(6) 打印实验数据及图谱。

(7) 关机:执行关机程序。

五、分析线选择

各元素分析线选择见表 16.2。

表 16.2 各元素分析线选择参考

元素	铁	锡	镉	铅
波长(nm)	259.94	317.05	226.502	220.353

【思考题】

(1) 简述等离子体原子发射光谱分析的基本原理。

(2) 简述等离子体原子发射光谱分析的基本步骤。

(3) 依据实验数据,分析样品中指定元素的含量。

第四章　其他材料现代分析

实验十七　原子力显微镜的原理与操作

【实验目的】

(1) 了解原子力显微镜的基本结构。

(2) 掌握原子力显微镜的工作原理。

(3) 掌握原子力显微镜的基本操作。

【实验仪器】

ZL AFM-Ⅱ型原子力显微镜。

【实验原理】

相对于扫描电子显微镜，原子力显微镜（Atomic Force Microscope，AFM）具有许多优点。不同于电子显微镜只能提供二维图像，AFM 可以提供真正的三维表面图。同时，AFM 不需要对样品进行任何特殊处理，如镀铜或碳，这种处理对样品会造成不可逆转的伤害。另外，电子显微镜需要运行在高真空条件下，AFM 在常压下甚至在液体环境下都可以很好地工作。这样可以用来研究生物宏观分子，甚至活的生物组织。AFM 与扫描隧道显微镜（Scanning Tunneling Microscope，STM）相比，由于能观测非导电样品，所以具有更为广泛的适用性。当前在科学研究和工业界中广泛使用的扫描力显微镜，其基础就是原子力显微镜。

一、原子力显微镜的基本结构

1986 年，比宁（Gerd Binnig）、魁特（Calvin Quate）和格勃（Christoph Gerber）发明了第一台原子力显微镜。AFM 是将一个对微弱力敏感的微悬臂一端固定，另一端有一微小的针尖，针尖与样品的表面轻轻接触，针尖尖端原子与样品表面原子间存在微弱的排斥力（$10^{-10} \sim 10^{-6}$ N）。通过扫描时控制这种力的恒定，带有针尖的微悬臂的形变将对应于针尖与样品表面原子间的距离。利用光学检测法和隧道电流检测法，可以测得微悬臂对应于扫描各点的位置变化，从而获得样品表面形貌的信息。AFM 的实物如图 17.1 所示。

图 17.1　原子力显微镜实物图

AFM 的基本结构如图 17.2 所示。

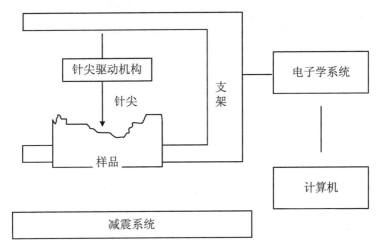

图 17.2　AFM 的基本结构示意图

（一）减振系统

减振系统是仪器有效得到原子图像的必要保证。有效的振动隔离是 AFM 达到原子分辨率所严格要求的一个必要条件，AFM原子图像的典型起伏是 0.01 nm，所以外来振动的干扰必须小于 0.005 nm。有两类振动是必须隔离的：振动和冲击。振动一般是重复性和连续性的，而冲击则是瞬态变化的，在两者之中，振动隔离是最主要的。通常采用悬吊来隔离振动。

（二）头部探测系统

头部探测系统由支架、针尖驱动机构（扫描器）、针尖和样品组成，是仪器的工作执行部分，结构如图 17.3 所示。

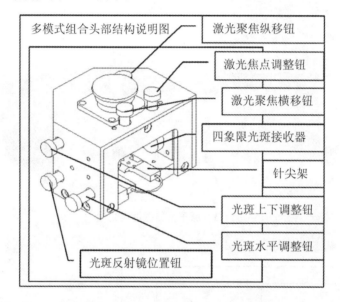

图 17.3　AFM头部探测系统结构示意图

1. 扫描系统

扫描系统包括扫描器和针尖块。扫描器使用四象限压电陶瓷管，采用样品扫描方式。针尖块中密闭着前置放大器，通过引线将放大后的信号送至电子学控制箱。

针尖块的设计使用了专利技术——智能针尖连接结构。在进行不同工作模式之间的转化时，用户只需将我们提供的安装不同种类探针的针尖块插入针尖架即可。系统会自动识别当前针尖的种类，并将软件切换到相应的工作模式。

2. 驱进系统

驱进调节机构主要用于粗调和精细调节针尖和样品之间的距离。利用两个精密螺杆手动粗调，配合步进马达（可以手控也可计算机控制调节），先调节针尖和样品至一较小间距（毫米级），然后用计算机控制步进马达，使间距从毫米级缓慢降至纳米级（在有反馈的情形下），进入扫描状态。退出时反之。

3. 支架

支架主要用于固定驱进系统以及与减震系统的连接。

（三）电子学控制系统

电子学控制系统是仪器的控制部分,主要实现形貌扫描的各种预设的功能以及维持扫描状态的反馈控制系统,具体包括以下几个组成部分。

（1）前置放大器:安装在头部针尖块内。

（2）头部电路接口:安装在头部支座内。

（3）电子学控制箱:包括前面板、后面板和线路控制部分。

（4）马达驱动电路:安装在头部支座内,用于手动/计算机自动控制马达的进退,即针尖脱离或趋进样品。

（5）AD/DA 多功能卡:安装在电子控制机箱内。

（四）计算机软件系统

计算机软件系统是人机交互操作的主要界面,完成实时的控制、数据的获取和处理,以及数据的分析处理和输出。

二、原子力显微镜的基本原理

（一）AFM 的工作原理

图 17.4 是 AFM 的工作原理示意图。AFM 中有一个带有极细探针的并且对微弱力极敏感的微悬臂。当探针与样品接触时,由于它们原子之间存在极微弱的作用力(吸引或排斥力,如图 17.5 所示),引起微悬臂偏转。扫描时控制这种作用力恒定,带针尖的微悬臂将对应于原子间作用力的等位面,在垂直于样品表面方向上起伏运动,因而会使反射光的位置改变而造成偏移量,通过光电检测系统(通常利用光学、电容或隧道电流方法)对微悬臂的偏转进行扫描,测得微悬臂对应于扫描各点的位置变化。此时激光检测器会记录此偏移量,也会把此时的信号传递给反馈系统,以利于系统做适当的调整。最后,将信号放大与转换从而得到样品表面原子级的三维立体形貌图像。

AFM 的核心部件是力的传感器件,包括微悬臂和固定于其一端的针尖。根据物理学原理,施加到微悬臂末端力的表达式为

$$F = K \cdot \Delta Z$$

式中,ΔZ 表示针尖相对于试样间的距离;K 为微悬臂的弹性系数,力的变化均可以通过微悬臂被检测。

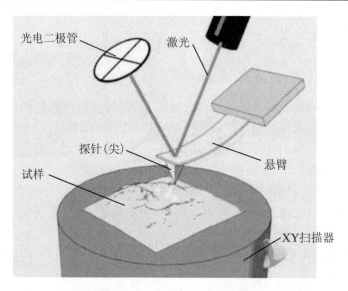

图 17.4　AFM 针尖工作示意图

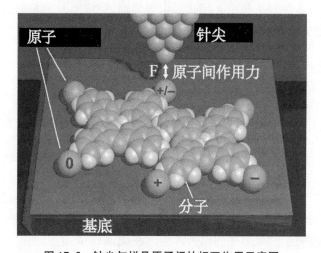

图 17.5　针尖与样品原子间的相互作用示意图

（二）AFM 的关键部位

AFM 的关键部分是力敏感元件和力敏感检测装置。所以微悬臂和针尖是决定 AFM 灵敏度的核心。为了能够准确地反映出样品表面与针尖之间微弱的相互作用力的变化，得到更真实的样品表面形貌，提高 AFM 的灵敏度，微悬臂的设计通常要求满足下述条件：

（1）较低的力学弹性系数，使很小的力就可以产生可观测的位移。

（2）较高的力学共振频率。

（3）高的横向刚性，针尖与样品表面的摩擦不会使它发生弯曲。

（4）微悬臂长度尽可能短。

（5）微悬臂带有能够通过光学、电容或隧道电流方法检测其动态位移的镜子或电极。

（6）针尖尽可能尖锐。

（三）AFM 的针尖技术

目前，一般的探针式表面形貌测量仪垂直分辨率已达到 0.1 nm，因此足以检测出物质表面的微观形貌。普通的 AFM 探针材料是硅、氧化硅或氮化硅（Si_3N_4），其最小曲率半径可达 10 nm，形貌如图 17.6 所示。由于可能存在"扩宽效应"，针尖技术的发展在 AFM 中非常重要。探针针尖的几何物理特性制约着针尖的敏感性及样品图像的空间分辨率。因此，针尖技术的发展有赖于对针尖进行能动的、功能化的分子水平的设计。只有设计出更尖锐、更功能化的探针，改善 AFM 的力调制成像技术和相位成像技术的成像环境，同时改进被测样品的制备方法，才能真正地提高样品表面形貌图像的质量。

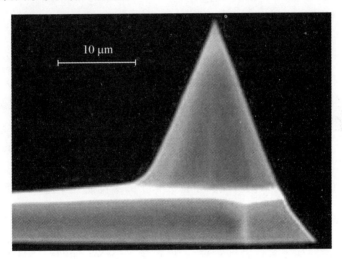

10 μm

图 17.6 AFM 探针的针尖

（四）AFM 的工作模式

AFM 有三种不同的工作模式：接触模式（Contact Mode）、非接触模式（Non-contact Mode）和共振模式或轻敲模式（Tapping Mode）。

1. 接触模式

接触模式包括恒力模式和恒高模式。在恒力模式中，过反馈线圈调节微悬臂的偏转程度不变，从而保证样品与针尖之间的作用力恒定，当沿 X、Y 方向扫描时，记录 Z 方向上扫描器的移动情况来得到样品的表面轮廓形貌图像。这种模式由于可以通过改变样品的上下高度来调节针尖与样品表面之间的距离，所以这样样品的高度值较准确,适用于物质的表面分析。在恒高模式中,保持样品与针尖的相对高度不变,直接测量出微悬臂的偏转情况,即扫描器在 Z 方向上的移动情况来获得图像。这种模式对样品高度的变化较为敏感,可实现样品的快速扫描,适用于对分子、原子图像的观察。接触模式的特点是探针与样品表面紧密接触并在表面上滑动。针尖与样品之间的相互作用力是两者相接触原子间的排斥力,为 $10^{-6} \sim$ 10^{-10} N。接触模式通常就是靠这种排斥力来获得稳定、高分辨的样品表面形貌图像。但由于针尖在样品表面上滑动及样品表面与针尖的黏附力,可能使得针尖受到损害,样品产生变形,故对不易变形的低弹性样品存在缺点。

2. 非接触模式

非接触模式是探针针尖始终不与样品表面接触,在样品表面上方 5～20 nm 距离内扫描。针尖与样品之间的距离是通过保持微悬臂共振频率或振幅恒定来控制的。在这种模式中,样品与针尖之间的相互作用力是吸引力——范德华力,大小约为 10^{-12} N。由于吸引力小于排斥力,故灵敏度比接触模式高,但分辨率比接触式低。非接触模式不适用于在液体中成像。

3. 轻敲模式

在轻敲模式中,通过调制压电陶瓷驱动器使带针尖的微悬臂以某一高频的共振频率和 0.01～1 nm 的振幅在 Z 方向上共振,而微悬臂的共振频率可通过氟化橡胶减振器来改变。同时反馈系统通过调整样品与针尖间距来控制微悬臂振幅与相位,记录样品的上下移动情况,即依据 Z 方向上扫描器的移动情况来获得图像。由于微悬臂的高频振动,使得针尖与样品之间频繁接触的时间相当短,针尖与样品可以接触,也可以不接触,且有足够的振幅来克服样品与针尖之间的黏附力。因此,轻敲模式适用于柔软、易脆和黏附性较强的样品,且不对它们产生破坏。这种模式在高分子聚合物的结构研究和生物大分子的结构研究中应用广泛。

(五) AFM 中针尖与样品之间的作用力

AFM 检测的是微悬臂的偏移量,而此偏移量取决于样品与探针之间的相互作用力。其相互作用力主要是针尖最后一个原子与样品表面最近一个原子之间的作用力。原子间作用力随距离的变化如图 17.7 所示。

当探针与样品之间的距离 d 较大(大于 5 nm)时,它们之间的相互作用力表现为范德华力。可假设针尖是球状的,样品表面是平面的,则范德华力随 d 变化。如果探针与样品表面相接触或它们之间的间距 d 小于 0.3 nm,则探针与样品之间的力表现为排斥。这种排斥力比范德华力随 d 的变化大得多。探针与样品之间的相互作用力为 $10^{-6} \sim 10^{-10}$ N,在如此小的力作用下,探针可以探测原子,而不损坏样品表面的结构细节。

简而言之,原子力显微镜的原理是:将一个对微弱力及其敏感的长为 100～200 nm 的 Si 或 Si_3N_4 材料的微悬臂一端固定,另一端有一个针尖,针尖与样品表面轻轻接触,针尖尖端原子与样品表面原子间的极其微弱的作用力,使微悬臂发生弯曲,通过检测微悬臂背面反射出的红色激光光点在一个光学检测器上的位置的变化可以转换成力的变化(被反射激光点位置变化或是微悬臂梁弯曲的变化与力的变化成正比),通过控制针尖在扫描过程中作用力的恒定同时测量针尖纵向的位移量,从而最终还原出样品表面的形貌图像。

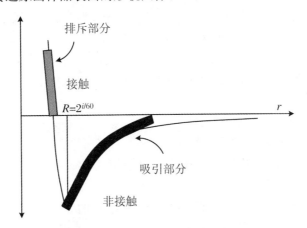

图 17.7　原子间作用力随距离的变化

【实验步骤与要求】

轻敲模式下 AFM 的操作流程步骤如下(注意:所有插件栏的操作都应当是单击鼠标):

(1) 放针尖,把针尖架插入探头(注意:这个过程任何东西碰上针尖都会导致针尖受损)。

(2) 制备样品。

(3) 放样品(用镊子操作,注意不要让镊子碰到样品表面)。

(4) 打开电脑。

(5) 开启控制箱电源。

(6) 打开软件,切换到在线工作模式(此时仪器会自动识别当前针尖类型,软硬件自动切换到相应工作模式,头部液晶屏也会立即显示出当前工作模式),如果此时想切换 X、Y、Z 的大小扫描范围的话,可以点击"新马达趋近"插件,选择好相应的扫描范围,关闭主程序,再切换到在线工作模式。

(7) 调光(关闭"自动扫描"和"起振")。

① 粗调探测头部上方两个旋钮,让激光光斑大约打在针尖基座上,配合 CCD 调节。

② 调探测头部上方两个旋钮,让光斑打在所选针尖的末端,通常用一块纸片放在四象限接收器前判断光斑的位置和亮度,充分利用斜面导致的光斑位置变化。

③ 粗调探测头部侧面两个旋钮,让光斑基本打在四象限接收器中间。

④ 调节探测头部侧面两个旋钮,并打开"原子力光路调整"插件,关闭"自动扫频"和"起振",将光斑打在四象限接收器正中间。

⑤ 当激光功率值比较大(大于3.0)或者扫描精细样品时,可以选择精密模式。

(8) 寻共振峰,步骤如下:

① 打开"原子力光路调整"插件,添加"自动扫频"和"起振",点击"复位"。

② 根据针尖参数选择共振峰的位置,通过拖动鼠标左键来缩小区域。

③ 在缩小范围的时候,如果遇上没有波形,可以微调起始值,使得波形出现。

④ 将波形放大到可以很容易选择的时候,就用"Ctrl+鼠标左键"单击"确定共振频率"。

⑤ 增加或减少"激振幅度",使得波形振幅与方框顶部齐平或者刚好达到最大值,注意不要让波形溢出和饱和。

(9) 调节机箱旋钮,设定初始值(设定点在硬件状态栏中读数,反馈直接在旋钮上读数),步骤如下:

① 设定点(阻尼)为硬件状态栏中"振动能量"值的2/3。

② 反馈设置为1.0~1.5。

(10) 手动粗调使样品靠近针尖。注意门板上的警示字样。手动调节样品底座高度,用放大镜观察,针尖与样品距离0.2~0.3 mm为最佳,注意不要有回调动作,观察"Z偏置"的指示条是否过头(过头则表明针尖撞上样品了)。为保证结构刚性,请上升完样品后锁住蝴蝶螺母。

(11) 点击"新马达趋近"插件图标,开始自动马达趋近。

(12) 轻敲模式容易产生"假趋近",判断假趋近的方法是:当马达趋近到位后,将设点减小,看"硬件状态栏"中"Z偏置"的平衡条是否退出,如果退出就是假趋近,此时继续马达趋近就可以消除假趋近。

(13) 点击"新图像扫描"插件图标,开始"恒流模式"扫描前设置以下参数:

① 根据所感兴趣的样品特征,设定扫描范围。

② 调整扫描速度。

③ X、Y偏置复位。

④ 打开算法"高差"通道,将"反向"和"斜面校正"都勾上,其他通道只勾上"斜面校正"。

⑤ 角度调整为0°或者90°。

⑥ 添加样品说明:双击主程序标题栏上的"样品说明"出现对话框,在样品说明栏添加样品说明,单击"修改"按钮完成修改。

⑦ 设置数据采集通道,可将一个通道设置成"相移"。

⑧ 设置保留路径。

⑨ 设置采样点数(默认为256 * 256)。

⑩ 参数设置完后开始"恒流模式"扫描,开始扫描后,单击每个数据通道的"适应"。

(14) 保留、保存数据。

(15) 扫描完毕,停止扫描,执行马达复位命令。

(16) 手动调节样品底座,退离针尖,取下样品。

(17) 依次关闭程序、控制箱电源和电脑。

【思考题】

(1) 原子力显微镜探测到的原子力由哪两种主要成分组成?

(2) 手动粗调使样品靠近针尖和退离针尖时,必须要注意什么(具体内容)?

(3) 简述原子力显微镜在应用上的优点和缺点。

(4) 原子力显微镜有哪些主要应用?

【附录】

Beuker 原子力显微镜(MultiMode 8)操作规程,步骤如下:

1. 仪器开启

(1) 开启电脑。

(2) 开启扫描管控制器。

(3) 开启显微镜光源。

2. 准备工作

(1) 软件设置:Nanoscope Ⅶ 8.31 软件开启,自动连接电脑到扫描管控制器,选择轻敲模式(Tapping Mode)。

(2) 装样:将固定在铁片上的样品放入带有磁性的样品台上,使其吸住铁片和样品。

(3) 装探针:将探针(ETESP)安装在 Tip Holder 上,把装有探针的悬臂夹放入激光头中,用激光后面的锁紧螺丝把悬臂夹锁紧。

(4) 校准激光。

① 将光斑打至悬臂前端位置;调节光学显微镜镜头位置,使样品成像清晰。

② 调节扫描管下端的两个手动旋钮和 Up/Down 开关,使悬臂基本聚焦。

③ 使用 Base 上的位置调节旋钮调节显微镜视场,找到激光光斑,使用 Head 上部两个方向的激光调节旋钮将激光光斑打在悬臂前端。

④ 调节四象限探测器,使反射激光打在四象限中心。

3. 实验过程

(1) 初始化扫描参数:点击"Tune",进入 Cantilever Turn 界面,点击"Auto Tune"按钮,计算机自动找寻探针的共振频率。

(2) 进针:点击"Engage",计算机开始自动下探针。当探针接触到样品并且弯曲量达到预先设定的 Setpoint 值时，扫描管开始扫描。

（3）优化扫描参数：观察 Trace 和 Retrace 曲线，可通过调整 Integral Gain，Proportional Gain，Setpoint 和 Scan Rate 来使得这两条曲线尽量重合。

（4）存图：参数优化后点击"Capture"菜单中"Capture File"，设置拍照存储路径。

（5）退针：Scan Size 调整为 0 后，点击几次"Withdraw"，探针开始离开样品，用 Base 上的 Up/Down 扳手把探针慢慢往上升，远离样品。

4．实验结束

（1）关闭软件。

（2）关闭控制器、摄像头光源。

（3）关闭电脑。

（4）清洁仪器，整理实验台。

（5）填写使用记录并签字。

实验十八　激光光散射测定颗粒粒度分析实验

【实验目的】

(1) 了解粒度测定的相关概念与意义。

(2) 了解激光光散射法测定粒度的基本原理与方法。

(3) 熟悉激光纳米粒度仪器的使用方法及纳米颗粒粒度结果分析。

【实验仪器】

纳米激光粒度分析仪(Nanosizer SH 90)。

【实验原理】

动态光散射(Dynamic Light Scattering,DLS),也称光子相关光谱、准弹性光散射,又称之为时间相关的光散射,测量光强随时间起伏的变化规律。利用该方法能快速、准确地测定溶液中大分子或胶体质点的平动扩散系数,从而得知其大小或流体力学半径及其分布。它是测量纳米及亚微米颗粒粒径的有效方法,具有测量范围大、测量速度快、样品量小,并且不破坏、不干扰体系原有状态的优点,因此被广泛应用于生物工程、药物学以及微生物领域。如今,这项新技术在表面活性剂溶液胶团性质、胶体溶液的稳定性、微乳体系的物化性质、高分子与生物大分子的溶液特性及分子内部运动状况、纳米材料体系等诸多领域显示了广泛的应用前景。随着仪器的更新和数据处理技术的发展,现在动态光散射仪器不仅具备测量粒径的功能,还具有测量 Zeta 电位、大分子的分子量等能力。

一、粒度分析原理

如果粒子处于无规则的布朗运动中,则散射光强度在时间上表现为在平均光强附近的随机涨落,它是由各个散射粒子发出的散射光场相干叠加而成的。悬浮液中的颗粒由于受到周围进行布朗运动分子的不断撞击,而不停地进行随机运动,在激光的照射下,运动颗粒的散射光强也将产生随机的波动,而且,波动的频率与颗粒的大小有关,在一定角度下,颗粒越小,涨落越快。动态光散射技术就是通过对这种涨落变化快慢的测量和分析,得到影响这种变化的颗粒粒径信息。

当一束单色平行光照射在溶液样品上时,遇到作布朗运动的球体粒子,一部分光将发生散射现象,散射光的传播方向将与主光束的传播方向形成一个夹角 θ,

θ 角的大小与颗粒的大小有关,颗粒越大,产生的散射光的 θ 角就越小;颗粒越小,产生的散射光的 θ 角就越大。即小角度 θ 的散射光是由大颗粒引起的;大角度 θ 的散射光是由小颗粒引起的,如图 18.1 所示。进一步研究表明,散射光的强度代表该粒径颗粒的数量。因此,测量不同角度上的散射光的强度,即可得到样品的粒度分布。

图 18.1　不同粒径的颗粒产生不同角度的散射光

与静态光散射相比,动态光散射不是测量时间的平均散射光强,而是测量散射光强随时间的涨落,因此称为"动态"。当一束单色、相干光沿入射方向照射到高分子稀溶液中,该入射光将被溶液中的粒子(包括高分子)向各个方向散射。而且,由于粒子的无规则布朗运动,散射光的频率将会随着粒子朝向或背向检测器的运动出现极微小的($-10^{-7} \sim -10^{-5}\,\mathrm{Hz}$)的增加或减少,使得散射光的频谱变宽,即产生的所谓 Doppler 效应(频谱变化)。显然,频率变宽的幅宽(线宽 Γ)是同粒子运动的快慢联系在一起的。但是,加宽的频率($-10^{-7} \sim -10^{-5}\,\mathrm{Hz}$)与入射光频率($\sim 10^{15}\,\mathrm{Hz}$)相比要小得多,因此难以直接测得其频率分布谱。然而,利用计算机和快速光子相关技术并结合数学上的相关函数可得到频率增宽信息。如果频率增宽完全是由平动扩散所引起的,那么由此可测得高分子平动扩散系数及其分布、流体力学半径等参数。

当一束单色平行光照射在溶液样品上时,遇到作布朗运动的球体粒子,产生散射光。光强的时间自相关函数 $G^{(2)}(\tau)$ 可表示为

$$G^{(2)}(\tau) = \langle I(t)I(t+\tau) \rangle = \lim_{T \to \infty} \frac{1}{T} \int_0^T I(t)I(t+\tau)\mathrm{d}t \qquad (18.1)$$

其中,$I(t)$ 和 $I(t+\tau)$ 为 t 和 $t+\tau$ 时刻的散射光强。对于平稳过程,可取 $t=0$,自相关函数变为

$$G^{(2)}(\tau) = A[1 + \beta \mid g^{(1)}(\tau) \mid^2] \qquad (18.2)$$

其中,A 为光强的时间自相关函数 $G^{(2)}(\tau)$ 的基线。由测量得出,理论上 A 为 1.0;β 为约束信噪比常量,或称空间相干因子或仪器常数,$0 < \beta < 1$;A 和 β 都与实验条件有关。τ 为驰豫(衰减)时间;$g^{(1)}(\tau)$ 为电场的时间自相关函数。

对于单分散颗粒系,有

$$G^{(2)}(\tau) = A[1 + \beta_{\exp}(-2\Gamma\tau)] \qquad (18.3)$$

其中,Γ 为 Rayleigh 线宽,其表达式为

$$\Gamma = D_T q^2 \qquad (18.4)$$

$$q = \frac{4\pi n}{\lambda_0} \sin \frac{\theta}{2} \tag{18.5}$$

其中，Γ 为频率线宽；D_T 为颗粒的平移扩散系数；q 为散射光波矢 q 的幅值；n 为溶剂折射率；θ 为散射角；λ_0 为真空中波长。

对于球形粒子，D_T 可以由 Stokes-Einstein 公式给出，即

$$D_r = \frac{k_B T}{3\pi \eta d} \tag{18.6}$$

式中，k_B 为 Boltzman 常量；T 为绝对温度；η 为溶液黏度；d 为流体力学直径。

从自相关函数的衰减率可以直接得到平移扩散系数 D_T，流体动力学 d 可由 D_T 通过 Stokes-Einstein 方程导出 $d = k_B T / 3\pi \eta D_T$，其中 k_B 为玻尔兹曼常数，T 为绝对温度，η 为溶液的黏度。

二、实验装置和方法

典型的 DLS 系统由 6 个主要部件组成，其结构示意图如图 18.2 所示。首先，He-Ne 激光器（波长 632.8 nm）发出的光入射到矩形样品池内成为样品粒子的光源。大多数激光束直接穿过样品，但有一些被样品中的粒子所散射。在散射角为 90°的方向，用接收端加有自聚焦透镜的光纤接收散射光，即一个检测器用于测量散射光的强度。散射光强必须在检测器的特定范围，以便成功进行测量。如果监测到太多的光，那么检测器可能会过载。为克服这个问题，使用一个"衰减器"，降低激光强并因此降低散射光的光强。对散射少量光的样品，如极小粒子或较低浓度样品，必须增加散射光量。在这种情况下，衰减器允许更多激光穿过样品。对散射更多光的样品，如大颗粒或较高浓度样品，必须降低散射光量。这是通过使用衰减器降低穿过样品的激光量实现的。在测量过程中，Zetasizer 自动确定衰减器的适当位置。

将检测器的散射光强信号传递至数字信号处理板，此板称为相关器。相关器在连续时间间隔内比较散射光强，得到光强变化的速率。然后将相关器信息传递至计算机，此处 Zetasizer 软件将分析数据并得到粒径信息。

【实验步骤与要求】

1. 实验用品的清洗

先用铬酸洗液对具塞试管、滴管、药匙进行清洗，再用去离子水冲洗干净，然后烘干备用（该步骤可由实验室老师完成）。实验中所用一切器具均需严格清洗。

2. 样品的分散处理

先用研钵处理少量超细粉体，用钥匙移取少量放入洁净的具塞试管中，加入适量溶剂（常用去离子水）确保不溶解，并获得适应的浓度（0.01%～0.1%）；试管盖上塞子，在超声波清洗器中进行超声分散，处理 2～5 min 后分散均匀。

3. 样品粒度测试

用滴管吸取一定液体放入仪器的待测样品池中,及时在英国马尔文公司纳米激光粒度分析仪(Nanosizer SH 90)上,进行粒度分析测试(减少在空气中放置)。

实验要求溶液必须进行仔细除尘和纯化,以达到清亮透明。溶剂应当预先重蒸纯化。必要时,溶液则需要经过适当孔径的微孔过滤器直接过滤注入散射池。

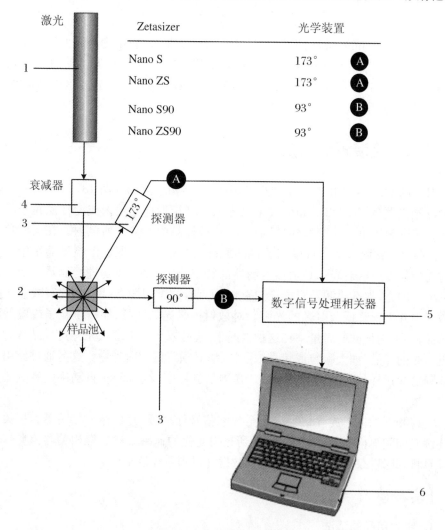

图 18.2　实验仪器结构示意图

1. He-Ne 激光器;2. 矩形样品池;3. 检测器;4. 衰减器;5. 相关器;6. 计算机

4. 测试数据分析

【思考题】

(1) 各种粒度测试方法的优缺点有哪些?

（2）实验用品在使用前为什么要清洗干净？若清洗不净会带来什么后果？

（3）激光粒度测定仪可以在哪些方面应用？

（4）动态光散射法所得的测量结果与其标准样品的标称值不一致，存在一定的误差，误差产生的可能原因主要有哪些？

【附录】

Malvern Zetasizer Nano ZS90 纳米粒径电位分析仪操作规程，步骤如下：

（1）开启电源：等待 30 min 以稳定激光光源。

（2）开启电脑，双击桌面的"工作站快捷图 DTS(Nano)"；等待仪器自检（指示灯颜色变为绿色即自检成功），进入 NanoZS 90 系统工作站。

（3）建立测量条件的存储路径（单击"File"→"new"→"磁盘 D"→"个人数据"→"个人文件夹"）。

（4）测量粒度。

① 单击工作栏上的"Mesurement"→"Manual"→"Meaurement"，在"Manual-setting"窗口单击"Meaurement Type"，选择"Size"。

② 单击"Labels"，输入测量样品名（如 CSNP-040301）。

③ 单击"Mesurement"，设置测量温度（℃）、测量次数（通常选"Automatic"）、测量循环次数（通常选"1 次"）。

④ 单击"Sample"，设置样品参数；单击"Manual"，选择"Material Name"（如为脂质体，请选择"Liposome"）；单击"Dispersant"选择被分散的介质（通常选"Water"）。

⑤ 单击"Cell"，选择测量池类型（如聚苯乙烯塑料池选"DTS0012 测量池"，如石英池选"PCS1115 Glass-Square Aperture"）。

⑥ 单击"Result calculation"，设置粒度计算模型（通常选"General Purpose"，若能确认样品为单峰分布，则选"Monomodal"）。

⑦ 设置完毕，点击"确认"。

（5）测量样品。按仪器指示，打开样品池盖，放入测量池（带▼符号面朝向测量者），点击"Start"即开始测量（单击状态栏"Result"图标，可对粒度结果实时监控）。

（6）结果分析。测量结束，选择"Records View"栏下任一记录条后，单击状态栏上的"Intensity PSD(M)"，获得光强度粒度分布图，单击"Intensity Statistics"，获得光强度粒度的统计学分布详表，分别单击"Number"和"Volume"，获得数量和体积分布结果图。

（7）使用完毕后，依次关闭工作站软件、仪器和电脑，并做好仪器使用记录。

注意事项：

（1）禁止使用任何强腐蚀性溶剂。

（2）放入样品测量池前，请确认池表面无液体残留。

（3）测量温度设置不得超过 50 ℃；粒度测定最小样品体积≥1 mL，最大体积≤1.5 mL；Zeta 电位测定最小样品体积≥0.75 mL，最大体积≤1.5 mL。

（4）样品中若含有机溶剂，请使用石英样品池，用后自觉清洗。

（5）测量结束后，请做好使用记录，自觉清洁台面。

（6）禁止使用含有机溶剂样品进行 Zeta 电位的测量。

实验室温度 $T = 26$ ℃，溶剂水的折射率 $n = 1.332$，入射光波长 $\lambda = 632.8$ nm，散射角 $\theta = 90°$，水的黏度 $\eta = 871$ μPa·s。

实验十九　金属材料的硬度实验

【实验目的】

(1) 了解硬度测定的基本原理及应用范围。

(2) 了解布氏硬度实验机的主要结构及操作方法。

【实验仪器】

HB-3000 型布氏硬度计。

【实验原理】

金属的硬度可以认为是金属材料表面在接触应力作用下抵抗塑性变形的一种能力。硬度测量能够给出金属材料软硬程度的数量概念。硬度值越高,表明金属抵抗塑性变形的能力越大,材料产生塑性变形就越困难。另外,硬度与其他机械性能(如强度指标 σ_b 及塑性指标 ψ 和 δ)之间有着一定的内在联系。所以从某种意义上说,硬度的大小对于机械零件或工具的使用性能及寿命具有决定性意义。

一、布氏硬度实验原理

测量硬度的方法很多,在机械工业中广泛采用压入法来测定硬度,常见的压入法有布氏硬度。

布氏硬度实验是施加一定大小的载荷 P,将直径为 D 的钢球压入被测金属表面(图 19.1)保持一定时间,然后卸除载荷,根据钢球在金属表面上所压出的凹痕面积 $F_{凹}$ 求出平均应力值,以此作为硬度值的计量指标,并用符号 HB 表示。

其计算公式如下:

$$HB = P/F_{凹} \tag{19.1}$$

式中,HB 为布氏硬度值;P 为载荷(kgf)(1 kgf = 9.8 N);$F_{凹}$ 为凹痕面积(mm^2)。

根据压痕面积和球面之比等于压痕深度和钢球直径之比的几何关系,可知压痕部分的球面积为

$$F_{凹} = \pi Dh \tag{19.2}$$

式中,D 为钢球直径(mm);h 为压痕深度(mm)。

由于测量压痕直径 d 要比测定压痕深度 h 容易,故可将式(19.1)中 h 改换成 d 来表示,这可根据图 19.1(b) 中 $\triangle Oab$ 的关系求出。

$$h = \frac{1}{2}(D - \sqrt{D^2 - d^2})\qquad(19.3)$$

将式(19.2)和(19.3)代入式(19.1)即得

$$HB = \frac{P}{\pi D h} = \frac{2P}{\pi D (D - \sqrt{D^2 - d^2})}\qquad(19.4)$$

式中,只有 d 是变数,故只需测出压痕直径 d,根据已知 D 和 P 值就可计算出 HB 值。在实际测量时,可由测出的压痕直径 d 直接查表得到 HB 值。

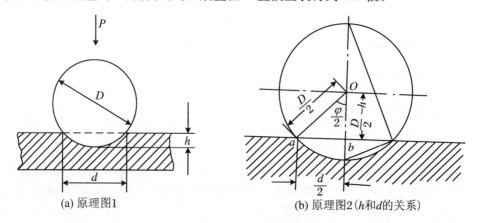

(a) 原理图1　　　　　　　(b) 原理图2(h和d的关系)

图 19.1　布氏硬度试验原理图

由于金属材料有硬有软,所测工件有厚有薄,若只采用同一种载荷(如3 000 kgf)和钢球直径(如 10 mm)时,则对硬的金属适合,而对极软的金属就不适合,会使其发生整个钢球陷入金属中的现象;若对于厚的工件适合,则对于薄件会出现压透的可能,所以在测定不同材料的布氏硬度值时,就要求有不同的载荷 P 和钢球直径 D。为了得到统一、可以相互进行比较的数值,必须使 P 和 D 之间维持某一比值关系,以保证所得到的压痕形状的几何相似关系,其必要条件就是压入角 φ 保持不变。

根据相似原理,由图 19.1(b)中可知,d 和 φ 的关系是

$$\frac{D}{2}\sin\frac{\varphi}{2} = \frac{d}{2} \text{ 或 } d = D\sin\frac{\varphi}{2}\qquad(19.5)$$

以此代入式(19.4)得

$$HB = \frac{P}{D^2}\left[\frac{2}{\pi\left(1 - \sqrt{1 - \sin^2\frac{\varphi}{2}}\right)}\right]\qquad(19.6)$$

式(19.6)说明,当 φ 值为常数时,为使 HB 值相同,$\frac{P}{D^2}$ 也就保持为一定值。因此对同一材料而言,不论采用何种大小的载荷和钢球直径,只要能满足 $\frac{P}{D^2}$ = 常数,所得的 HB 值是一样的。对不同材料来说,所得的 HB 值也是可以进行比较的。

按照 GB231-63 规定，$\dfrac{P}{D^2}$ 比值有 30、10 和 2.5 三种，具体试验数据和适用范围可参考表 19.1。

表 19.1　布氏硬度试验规范

材料	硬度范围（HB）	试样厚度（mm）	P/D^2	钢球直径 D（mm）	载荷 P（kgf）	载荷保持时间（s）
黑色金属	140～450	3～6 2～4 <2	30	10 5 2.5	3 000 750 187.5	10
	140	>6 3～6 <3	10	10 5 2.5	1 000 250 62.5	10
铜合金及镁合金	36～130	>6 6－3 <3	10	10 5 2.5	1 000 250 62.5	30
铝合金及轴承合金	8～35	>6 3～6 <3	2.5	10 5 2.5	250 62.5 15.6	60

二、布氏硬度实验机的结构

HB-3000 型布氏硬度实验机的外形结构如图 19.2 所示。其主要部件及作用如下：

（1）机体与工作台：硬度机有铸铁机体，在机体前台面上安装丝杠座，其中装有丝杠，丝杠上装立柱和工作台，可上下移动。

（2）杠杆机构：杠杆系统通过电动机可将载荷自动加在试样上。

（3）压轴部分：用以保证工作时试样与压头中心对准。

（4）减速器部分：带动曲柄及曲柄连杆，在电机转动及反转时，将载荷加到压轴上或从压轴上卸除。

（5）换向开关系统：换向开关系统是控制电机回转方向的装置，使加、卸载荷自动进行。

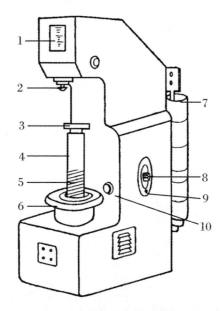

图 19.2　HB-3000 布氏硬度试验机外形结构图

1. 指示灯；2. 压头；3. 工作台；4. 立柱；5. 丝杠；6. 手轮；
7. 载荷砝码；8. 压紧螺钉；9. 时间定位器；10. 加载按钮

【实验步骤与要求】

一、实验步骤

(1) 根据硬度测试范围和试样厚度，合理选择压头（$\phi 2.5$ mm、$\phi 5$ mm、$\phi 10$ mm）、负荷，以及相对应的负荷保持时间（10 s、30 s、60 s）。

(2) 钢球直径、负荷大小及保持时间根据布氏硬度测试范围、试样厚度、负荷与钢球直径的相互关系进行合理选择。

(3) 试样支撑面、压头表面及试台面应清洁。试样应稳固地放置于试台上，保证在实验过程中不发生位移和挠曲。试样应制成光滑平面。试样表面光洁度不应低于 $Ra1.6$ 以下，实验面光洁度必须保证压痕直径能精确地测量，其表面应无氧化皮、电镀层、凹坑、污物及显著加工痕迹。

(4) 打开电源开关，面板显示倒计数，仪器在自动调整位置，当实验力显示窗口为 0 时，仪器进入待机状态。

(5) 准备工作就绪后，将试件平稳地放在测试台上，转动旋轮上升试件，当实验力施加时，显示屏上开始显示实验力。注意：选用上档实验力（红色发光管亮）时，手动加力约 27 kgf，仪器发出"嘟"响声，则仪器自动加载试验力；若手动用力过大（40 kgf）时，仪器发出"嘟、嘟、嘟……"声不断，不能正常工作，请退下试台，改换测点位置重做。当选用下档实验力（绿色发光管亮）时，手动加力约 90 kgf，仪器自动加载实验力。

（6）加载、保荷、卸荷三个阶段结束后，一次硬度测试过程结束（保荷时加载部分有轻微异响为正常现象）。

（7）逆时针方向旋转手轮，使工作台降下。取下试样，用读数显微镜测量压痕直径 d 值，并查表确定硬度 HB 数值。

二、注意事项

（1）试样厚度应不小于压痕直径的 10 倍。试验后，试样背面及边缘呈现变形痕迹时，则实验无效。

（2）压痕直径 d 应在 $0.24D < d < 0.6D$ 内，否则无效。

（3）压痕中心至试样边缘应大于 D，两压痕中心大于 $2D$。

（4）试样表面必须平整光洁、无氧化皮，以使压痕边缘清晰，保证精确测量压痕直径 d。

（5）用显微镜测量压痕直径 d 时，应从相互垂直的两个方向上读取数值，并取平均值。

【思考题】

（1）简述布氏硬度实验原理。

（2）简述布氏硬度实验机的结构、操作步骤及注意事项。

实验二十　热分析仪的使用及应用

【实验目的】

(1) 了解热分析技术的原理与作用。

(2) 学会热分析仪设备的操作。

(3) 学会对热分析谱图进行定性分析和定量处理。

【实验仪器】

耐驰STA449F5同步热分析仪。

【实验原理】

热分析技术是在程序控制温度下测量样品的性质随温度或时间变化的一组技术,广泛应用于研究材料的热稳定性、分解过程、氧化与还原、水分与挥发物的测定,实现材料老化和分解过程的产物分析、原材料的特征分析以及合成反应的分析等功能,涉及物理、化学、化工、石油、冶金、地质、建材、纤维、塑料、橡胶等各个领域。热分析技术主要包括:差示扫描量热法(DSC)、差热分析法(DTA)、热重分析法(TGA)、热机械分析法(TMA)、动态热机械分析法(DMA)等。

一、热重分析(TGA)

热重分析仪是一种利用热重法检测物质温度-质量变化关系的仪器。热重法(TG)是在程序温度控制下测量物质的质量随温度或时间变化的关系。热重分析主要研究在惰性气体、空气、氧气中材料的热稳定性、热分解作用和氧化降解等化学变化;还广泛用于研究涉及质量变化的所有物理过程,如测定水分、挥发物和残渣,吸附、吸收和解吸,气化速度和气化热,升华速度和升华热;有填料的聚合物或共混物的组成等。当被测物质在加热过程中有升华、汽化、分解出气体或失去结晶水时,被测的物质质量就会发生变化,这时热重曲线就不是直线而是有所下降。通过分析热重曲线,可以知道被测物质在多少度时产生变化,并且根据失重量,可以计算失去了多少物质。通过 TGA 实验有助于研究晶体性质的变化,如熔化、蒸发、升华和吸附等物质的物理现象;也有助于研究物质的脱水、解离、氧化、还原等物质的化学现象。热重法实验得到的曲线称为热重曲线(TG曲线),TG曲线以质量作纵坐标,从上向下表示质量减少;通常以温度作横坐标,自左至右表示温度增加。

　　作为例子,图 20.1 为 $CuSO_4 \cdot 5H_2O$ 的热重曲线。反应物从开始到结束出现四个反应平台。从开始到 150 ℃时,体系质量损失了 29%,对应于失去四个水分子。从 150～260 ℃过程中,系统质量损失为 7.3%,此时剩余反应物再失去一个水分子。之后系统进入一段平稳期。到 755 ℃时,系统进入一个剧烈的质量损失阶段,质量损失了 30.7%,通过计算损失值推断此阶段反应为产生 SO_3 的过程。此后系统直到 900 ℃,质量损失了 3.3%,经过计算分析得该阶段发生的反应为失去 O_2 的过程。

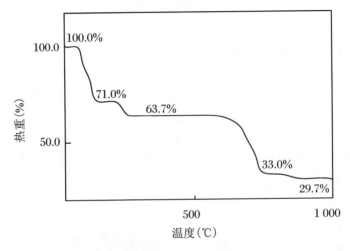

图 20.1　$CuSO_4 \cdot 5H_2O$ 的热重曲线

二、差示扫描量热法(DSC)

　　差示扫描量热法,是在程序温度控制下测量样品端和参比端的热流功率差随温度或时间的变化过程,以此获取样品在温度程序过程中的吸热、放热、比热变化等相关热效应信息。该热流功率差能反映样品随温度或时间变化所发生的焓变:当样品吸收能量时,焓变为吸热;当样品释放能量时,焓变为放热。

　　DSC 方法广泛应用于塑料、橡胶、纤维、涂料、黏合剂、医药、食品、生物有机体、无机材料、金属材料与复合材料等各类领域,可以研究材料的熔融与结晶过程、玻璃化转变、相转变、液晶转变、固化、氧化稳定性、反应温度与反应热焓,测定物质的比热、纯度,也可以研究混合物各组分的相容性,计算结晶度、反应动力学参数等。典型的 DSC 曲线如图 20.2 所示。

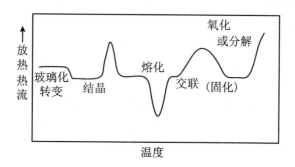

图 20.2　典型的 DSC 过程

三、同步热分析仪构造

同步热分析(Simultaneous Thermal Analysis,简称 STA)将热重分析 TG 与差示扫描量热 DSC(或差热分析 DTA)结合为一体,在同一次测量中,利用同一样品可同步得到质量变化与吸放热相关信息。耐驰 STA449F5 同步热分析仪主要由试样支架、炉体、控温系统、气体系统、天平、恒温水浴及控制系统等部分构成,结构图如图 20.3 所示。

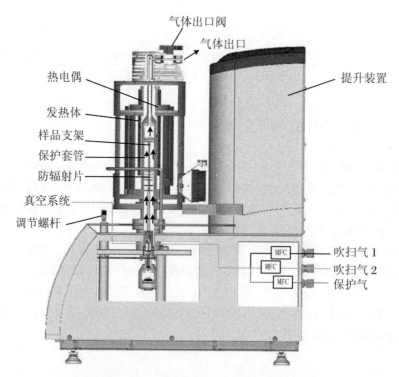

图 20.3　STA449F5 同步热分析仪主要结构图

炉体及支架部分的基本结构如图 20.4 所示。样品坩埚与参比坩埚（一般为空坩埚）置于同一导热良好的传感器盘上，两者之间的热交换满足傅里叶热传导方程。使用控温炉按照一定的温度程序进行加热，通过定量标定，可将升温过程中两侧热电偶实时量到的温度信号差转换为热流信号差，对时间/温度连续作图即得到 DSC 曲线。同时整个传感器（样品支架）插在高精度的天平上。参比端无重量变化，样品本身在升温过程中的重量变化由热天平进行实时测量，对时间/温度连续作图即得到 TG 曲线。STA449F5 同步热分析仪炉体采用碳化硅发热材料，SiC 最高温度可达 1 550 ℃，为保持发热元件的较长使用寿命，实际实验温度一般不能超过 1 350 ℃。

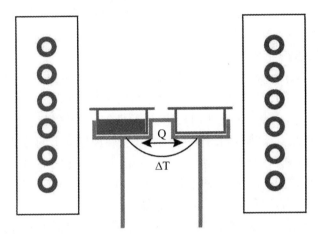

图 20.4　同步热分析仪炉体及测量支架示意图

气体系统包含保护气和吹扫气两种，其中保护气（Protective Gas）主要用于天平传感器的保护，使天平处于稳定而干燥的工作环境，防止潮湿水气、热空气对流以及样品分解污染物对天平造成影响，通常使用惰性的 N_2 或 Ar。吹扫气有两路：Purge 1 和 Purge 2，用于提供样品实验气氛及吹扫受热过程中样品释放的物质，并根据需要在测量过程中自动切换或相互混合。常见的接法是其中一路连接 N_2 或 Ar 作为惰性吹扫气氛，作为常规应用；另一路连接空气，作为氧化性气氛使用。在气体控制附件方面，可以配备传统的转子流量计、电磁阀，也可配备精度与自动化程度更高的质量流量计（MFC）。

恒温水浴的作用是将炉体与天平两个部分相隔离，可有效防止当炉体处于高温时热量传导到天平模块，使得高精度天平处于稳定的温度环境下且不受高温区的干扰，保证热重信号的稳定性。

【实验步骤与要求】

一、操作条件

(1) 实验室要求温度恒定,电源稳定为 220 V,16 A。实验室应尽量远离振动源及大的用电设备,室内配备空调,以保证温度恒定。

(2) 计算机在仪器测试时,最好不要上网或运行系统资源占用较大的程序。

(3) 保护气体(Protective Gas):保护气体是用于在操作过程中对天平进行保护,以保证其使用寿命。Ar、N_2、He 等惰性气体均可用作保护气体。保护气体输出压力应调整为 0.03 MPa,流速恒定为 10～20 mL/min。开机后,保护气体开关应始终为打开状态。

(4) 吹扫气体(Purge1/Purge2):吹扫气体在样品测试过程中,作为气氛气或反应气。一般采用惰性气体,也可用氧化性气体(如:空气、氧气等)或还原性气体(如 CO、H_2 等)。但应慎重考虑使用氧化、还原性气体作气氛气,特别是还原性气体,不仅会缩短样品支架热电偶的使用寿命,还会腐蚀仪器上的零部件。吹扫气体输出压力应调整为 0.03 MPa,流速 100 mL/min,一般情况下为 20～30 mL/min。测试过程中,如果被测样品可能发生分解反应,则吹扫气流速应随之加大,以保证分解产物的及时排出,避免污染炉体及传感器。

(5) 动态测量模式、静态测量模式:有吹扫及保护气体时的测量为动态测量模式,否则为静态测量模式。为了延长仪器寿命,保护仪器部件,应尽可能使用在惰性气氛下的动态模式进行测量,慎重考虑静态测量模式。

(6) 恒温水浴:恒温水浴是用来保证测量天平工作在一个恒定的温度下。一般情况下,恒温水浴的水温调整为至少比室温高出 2～3 ℃,提前 2～3 h 打开。

(7) 真空泵:为了保证样品测试中不被氧化或与空气中的某种气体进行反应,需要真空泵对测量管腔进行反复抽真空并用惰性气体置换。一般置换 2～3 次即可。

二、样品准备

(1) 根据样品材料选择合适的坩埚(常规使用铝坩埚。如果改变坩埚种类,需在软件的仪器设置项目中作相应设定)。

(2) 检查并保证测试样品及其分解物绝对没有与测量坩埚、样品支架、热电偶发生反应。

(3) 样品称重,建议使用 0.01 mg 以上精度的天平称量。一般测量时,坩埚需加盖(铝坩埚在盖上扎孔后与坩埚一起压制),以防样品污染仪器,特殊测试除外

（如氧化诱导期测试坩埚不加盖,轻度挥发的样品可考虑坩埚盖不扎孔密闭压制）。

（4）参比侧使用空坩埚,参比坩埚置于传感器的靠炉体升降台这侧,样品坩埚靠操作者这侧。

（5）测试样品为粉末状、颗粒状、片状、块状、固体、液体均可,但需保证与测量坩埚底部接触良好,样品应适量（常规为在坩埚中放置 1/3 厚或 5 mg 重）,以便减小在测试中样品的温度梯度,确保测量精度。

（6）对于热反应剧烈或在反应过程中易产生气泡的样品,应适当减少样品量。

（7）为了保证测量精度,测量所用的 Al_2O_3 坩埚（包括参比坩埚）必须预先进行热处理到等于或高于其最高测量温度。

（8）用仪器内部天平进行称样时,炉体内部温度必须恒定在室温,天平稳定后的读数才有效。

三、开机

（1）先开仪器,再开电脑,打开测量软件,如果使用转子流量计,则通过软件将气体开关打开。然后再开气体,打开钢瓶总开关,再调节减压阀输出旋钮,将流量调到 0.03 MPa 左右。最后调节流量计流量,将保护气流量设为 20 mL/min,吹扫气为 30 mL/min。

（2）为保证仪器稳定精确的测试,除长期不使用外,所有仪器可不必关机,避免频繁开机和关机。STA 449F5 的天平电源最好一直处于打开状态。恒温水浴及其他仪器应至少提前 3 h 打开。

（3）关机顺序,先关钢瓶开关,等减压阀压力显示为零后,将输出调节的旋钮拧到零位。再关软件、电脑、仪器及水浴。

四、样品测试程序

（1）测试前必须保证样品温度达到室温且天平稳定,然后才能开始。

（2）升温速度除特殊要求外一般为 5 K/min 到 30 K/min。温度超过 1 200 ℃时,建议不超过 20 K/min 和低于 5 K/min。

（3）测试程序中的紧急停机复位温度（Emergency Reset Temperature）将自动定义为程序中的最高温度＋10 ℃,也可根据测试需要重新设置该温度值。但其最高定义温度不得超过仪器硬件所允许的极限温度值。

Sample 测试模式:无基线扣除功能,用于测试和温度有关量及一般 DSC 测量。步骤如下:

（1）进入测量运行程序。选择"File"菜单中的"New",进入编程文件。

（2）选择 Sample 测量模式,输入识别号、要测量的标准样品名称及重量。点击"Continue"。

(3) 选择标准温度校正文件,然后打开。

(4) 选择标准灵敏度校正文件,然后打开。

(5) 此时进入温度控制编程程序。

(6) 仪器开始测量,直到完成。

Correction 测试模式:基线测量。为保证测试的精确性,一般来说,样品、测试应使用基线作背景。步骤如下:

(1) 进入测量运行程序。选择"File"菜单中的"New",进入编程文件。

(2) 选择 Correction 测量模式,输入识别号,样品名称可输入为空(Empty),不需称重。点击"Continue"。

(3) 选择标准温度校正文件,然后打开。

(4) 选择标准灵敏度校正文件,然后打开。

(5) 此时进入温度控制编程程序。

(6) 仪器开始测量,直到完成。

Sample + Correction 测试模式(常用模式):主要用于样品的测量。步骤如下:

(1) 进入测量运行程序。选择"File"菜单中的"Open",打开所需的测试基线,进入编程文件。

(2) 选择 Sample + Correction 测量模式,输入识别号、样品名称及重量。点击"Continue"。

(3) 选择标准温度校正文件,然后打开。

(4) 选择标准灵敏度校正文件,然后打开。

(5) 选择或进入温度控制编程程序(即基线的升温程序)。应注意的是:样品测试的起始温度及各升降温、恒温程序段完全相同,但最终结束温度可以等于或低于基线的结束温度(即只能改变程序最终温度)。

(6) 仪器开始测量,直到完成。

【思考题】

(1) 相比于单独的 TG 和 DSC 测试,同步热分析有哪些优点?

(2) 影响 TG 和 DSC 曲线形状的因素有哪些?

参 考 文 献

［1］ 张庆军.材料现代分析测试实验［M］.北京:化学工业出版社,2005.

［2］ 潘清林,徐国富,李慧.材料现代分析测试实验教程［M］.北京:冶金工业出版社,2011.

［3］ 李炎.材料现代微观分析技术:基本原理及应用［M］.北京:化学工业出版社,2011.

［4］ 王晓春,张希艳.材料现代分析与测试技术［M］.北京:国防工业出版社,2010.

［5］ 黄新民,解挺.材料分析测试方法［M］.北京:国防工业出版社,2005.

［6］ 梁志德,王福.现代物理测试技术［M］.北京:冶金工业出版社,2003.

［7］ 刘粤惠,刘平安.X 射线衍射分析原理与应用［M］.北京:化学工业出版社,2003.

［8］ 丘利,胡玉和.X 射线衍射技术及设备［M］.北京:冶金工业出版社,2001.

［9］ 左演声,陈文哲,梁伟.材料现代分析方法［M］.北京:北京工业大学出版社,2001.

［10］ 周玉,武高辉.材料分析测试技术［M］.哈尔滨:哈尔滨工业大学出版社,2000.

［11］ 吴刚.材料结构表征及应用［M］.北京:化学工业出版社,2001.

［12］ 余鲲.材料结构分析基础［M］.北京:科学出版社,2001.

［13］ 郭立伟,朱艳,戴鸿滨.材料现代分析测试方法［M］.北京:北京大学出版社,2013.